U0607926

米苏 著

的任性

须配得上你的本事

九州出版社
JIUZHOUPRESS

图书在版编目（CIP）数据

你的任性必须配得上你的本事 / 米苏著. –– 北京：

九州出版社, 2018.3（2018年7月再版重印）

ISBN 978–7–5108–6902–0

Ⅰ. ①你… Ⅱ. ①米… Ⅲ. ①人生哲学 – 通俗读物

Ⅳ. ①B821–49

中国版本图书馆CIP数据核字(2018)第068201号

你的任性必须配得上你的本事

作　　者　米苏 著

出版发行　九州出版社

地　　址　北京市西城区阜外大街甲35号（100037）

发行电话　（010）68992190/3/5/6

网　　址　www.jiuzhoupress.com

电子信箱　jiuzhou@jiuzhoupress.com

印　　刷　玉田县昊达印刷有限公司

开　　本　880毫米×1230毫米　32开

印　　张　8

字　　数　140千字

版　　次　2018年7月第2版

印　　次　2018年7月第2次印刷

书　　号　ISBN 978–7–5108–6902–0

定　　价　39.80元

★ 版权专有　侵权必究 ★

前言 *Foreword*

　　人活着，想要达到某种境界，首先须有一个足够好的心态：永远对这个世界保持好奇心、永远让自己有几分任性，这样的生活才永远有趣，而有趣的生活，才会让我们活得更有驱动力。

　　这种任性不是放浪不羁、恣意妄为，是有本事按照自己的想法生活，是有能力带动生活的节奏，而不是跟着生活的节奏随波逐流。即使命运的赐予少得可怜，也能任性地带着行李上路，自信、智慧，而且执着；即使生活给的只是一枚苦果，也有勇气把它榨成汁，做到甘之如饴。从某种意义上说，任性，才是对自己人生最大的负责，任性而活，才不辜负时光、不辜负自己。

　　人要任性，也要能掌控自己，可以天马行空地去想，杀伐果断地去做，又可以随心所欲不逾矩。在最想做事情的时候，做自己最想做的事，这才叫任性得有气质。

　　很多人总是觉得自己任性不起，不愿伸展自己或是躲在他人构建的保护伞里，在稀松平常的日子里做着循规蹈矩的事，并美其名曰——平淡是福；却不知这样的人生不是平淡而是平庸，甚至可以说是贫穷与不幸。

很多人都是这样，因为不敢任性，碌碌一生无所作为。

当然，也有很多人虽然敢去做，却任性得盲目、不切实际，因为自身的本事不足以支撑自己的任性，最终只能为自己的任性埋单。

想想我们老去的时候，看着一些同龄人的传记或是回忆录，在慨叹对方如此出色的同时你又能做些什么？应该什么都做不了吧，因为那时你已经没有时间来证明自己了，你会懊悔：当初的不敢任性或是盲目任性是多么的不靠谱。

所以，趁着年轻，不妨在可以任性的时候选择增加自己的本事，在能够选择的时候，去为人生做出明智的选择。从这一刻起，你要为自己任性一次；从这一刻起，你要积攒任性的资本，别再让思想辜负生命。

愿你能够按照自己的意愿过一生，你要好好珍惜自己；你要学着自己强大，用你的本事诠释你的任性，成为自己的英雄。

目录 *Content*

第一章
不任性，你要青春干什么

    青春就该是一场风暴，如果你让青春悠然度过，那就是对生命的埋没；青春，将不会在你的生命里留下一丝痕迹，匆匆地来，匆匆地去。青春需要热情，更需要任性。在与青春有关的日子里，我们务必要"放肆"一次，以免落得个虚度年华的"罪名"。

不要向你不喜欢的生活屈服

《南方周末》曾经刊登过一篇题为《做沙丁鱼，还是做咸鱼》的文章，将犀利的问题抛给所有漂泊在大城市的人们："是选择在北上广，被挤得像沙丁鱼；还是选择在老家，当死咸鱼？"无疑，这是一个令几乎一代普通青年左右为难的问题。青春、梦想、希望、前途、归属，实在难以安放。

M是一家广告公司的策划，她说："小时候我最大的愿望就是去上海，我喜欢上海的繁华。曾几何时，上海这个地名几乎就是我的梦想。我努力读书，考上大学，最后终于留在了这个城市里。坦白地说，上海不如想象中的那么美，处处充满了残酷的竞争，而且我一直住着拥挤的合租房，但我不后悔，无论甘苦都是我的选择。我之所以如此任性，就是为了坚守自己当初的一个梦。我相信，这里虽然有着残酷的竞争，但也充满了机会；只要耐心地寻找，总有一块我的立足之地。"

J来自西北一个小城市，自从上大学来到北京后，他便任性地留在了这里。"越小的城市，越依仗人情。我的家乡在一个小城市，我没什么家庭背景，没有多少就业机会，想进入稍微好点的企业真的是难上加难。北京竞争虽然激烈，但环境相对公平，我可以任性地靠自己的本事生存，这就是我不离开的理由。"

P在广州拼搏了五年，残酷的竞争、复杂的人际关系令他身心俱疲，于是他任性地告别了广州，跑到了未婚妻所在的城市——青岛。虽然现在的薪水不如在广州时那么高，但P却觉得生活得更滋润了。"最初，我有些不习惯、不甘心，因为这里的生活节奏很慢，而且工资比较低；可生活了半年后，我爱上了这里。这个海滨之城气候宜人、环境清新，而且生活压力很小，我不必为了生存朝九晚五、忙碌到顾不上生活、顾不上自己的身体。我想，任性就是过自己喜欢的生活。"

"看过大城市的繁华后，在三十而立的年纪，我突然很想念自己的家乡。虽然这里有我的人脉、我的事业，但我还是任性地回到了家乡。"L说。"这个地方不大，但我的工作很稳定，而且能够跟父母生活在一起，没事时和一群朋友吃吃喝喝，不用为房租和搬家发愁、不用为工作焦虑得失眠，这就是幸福。"

毫无疑问，这些都是关于生活方式的一种选择。听到这些不同的心声，我不免联想到《伊索寓言》里那则关于城市老鼠和乡下老鼠的故事：

城市老鼠和乡下老鼠是一对好朋友。一天，城市老鼠和乡下老鼠过腻了现在的生活，它们想交换一下彼此的环境：城市老鼠到乡村去生活，乡村老鼠到城市去生活。

城市老鼠来到乡村，立即被眼前的美景惊呆了：草地上开着美丽的鲜花，稻田里长着绿油油的麦苗。一阵风吹来，城市老鼠觉得全身都舒畅。可是当它看到乡下老鼠每天的食物都是干巴巴的大麦和小麦时，不禁开始怀念起城市的生活："乡下都是过这种清贫的日子吗？在这里住着，除了不缺美景，什么都没有。干巴巴的大麦和小麦，我实在吃不习惯。我想，我还是应该回到城里生活！"一想到城市里有面包、烤肠等等好吃的东西，城市老鼠就恨不得立刻赶回家中。

乡下老鼠进城到了城市老鼠的家，进门的那一瞬间它傻眼了，这是多么豪华、干净的房子啊，而且这里的食物太丰富了，有面包、烤肠等等！见此情景，它不由得心生羡慕。可是当它爬到餐桌上开始享受美味大餐时，突然间，"砰"的一声，门开了，有人走了进来。乡下老鼠哪里经历过这样的场面，它吓得屁滚尿流，连忙躲进墙角的洞里，半天都不敢再出来了，甚至吓得忘了饥饿。

半路上，城市老鼠和乡下老鼠相遇了。

城市老鼠对乡下老鼠说："在乡下生活太乏味了，从早到晚一直都在农田上奔跑，长期吃大麦和小麦，冬天还得在寒冷的雪地上搜集粮食，原来你过得这么辛苦。"

乡下老鼠不以为然地说："老兄啊，还是乡下的平静生活比较适合我。这里虽然有豪华的房子和美食，可每天都紧张兮兮的，我还不如回乡下吃麦子，至少心里踏实啊！"

……

每个人在一个地方生活得时间长了，就会习惯于自己的生活方式、习惯于这个地方的生活。不同个性、不同习惯的老鼠，眷恋着不同的生活方式。即便它们都曾经对不同的世界和生活感到好奇，可最后它们还是选择回归自己所熟悉的生活圈子，并且都重新获得了快乐和满足。

世界多姿多彩，谁都有属于自己的生活方式。鹰击长空、鱼翔浅底、虎啸深山、驼走大漠，无不是选择了适合自己的才造就了生命的极致。其实，生活没有绝对的好与坏，你喜欢的、适合你的，那就是最好的。

人之所以要任性，就是要掌控自己的人生。只要喜欢，就放肆去想、大胆去做，任性过自己想要的生活，不要向不喜欢的生活屈服。这种任性所带来的好处就是，让内心有了方向。若生命有方向，走到哪里都是追寻。就像当年苏轼被发配到惠州时曾写道："试问岭南应不好？却道：此心安处是吾乡。"

所谓任性，就是本命自主的率性

有一个小男孩养了一只小松鼠，由于好奇和贪玩，每天一大早，他就从笼子里抓出那只小松鼠，扔进一个盛有水的玻璃池内。小男孩在玻璃池旁观察小松鼠在水里挣扎的情况，直到那只小松鼠无力挣扎、快要溺死的时候，小男孩才赶忙将它捞出来，然后放回笼中。

这样的游戏进行了一个星期，小男孩发现，小松鼠挣扎时间日渐增加。

这天早晨，小男孩刚将小松鼠丢进池中时，妈妈喊小男孩去院子里拿一根木头进屋。小男孩转身出了屋子。等他再回到屋子里时，那只小松鼠已经浮在水面上了。

小松鼠的死，是因为男孩的遗忘吗？当然不是，因为小松鼠本身是会游泳的。那又是谁害死它的呢？原来，每次小男孩将小松鼠丢进池中，过不久便会将它抓上来。持续了几天，那只小松鼠便形成了这么一种意识：何必这样辛苦挣扎呢，最终会有一只手捞我上去的！因为这个观念，它不发挥自己的能力去挣扎换取生存了，最终被淹死了。

生活中，有些人和小松鼠一样习惯依赖别人，比如依赖父母、依赖同事、依赖另一半。遇到事情不习惯自己解决，第一想法是交给别人来解决。总是懒得行动，总是习惯躲在舒适区，等事情水到渠成——虽然这样可以避免很多辛苦和麻烦，但同时也交出了人生的主动权，永远没有焕发光彩的一天。

与其把希望寄托在别人身上，等待被救助、被救赎，不如就此任性一下，做一个能真正掌控全局的人，做一个能对自己所做的事百分百负责任的人。钱，自己赚；爱，自己给自己；快乐，自己发掘。如果有人送钱、送爱、送快乐给你，这很好，但自己仍要继续创造生活。你的人生，永远都只是你的。

伊万卡·特朗普是美国房地产大王唐纳德·特朗普的女儿，是家族巨额财富的继承者之一，可谓是含着"金勺子"出生的。尽管伊万卡在7岁时就从父亲那里得到了第一颗钻石，可她一直懂得不劳而获是耻辱的。于是，她上高中时就任性地坚持打工挣零花钱，除了父母提供的生活费和教育费外，她的其他一切开支都是自掏腰包，就连电话账单都是自己付。对此，伊万卡解释说："从我懂事起，就知道想要的一切不会从天而降。我的每一分钱都是自己所挣。""我既非父亲的翻版，也不是他的随从。父亲为家族创下了伟大的品牌价值，我要做的则是将它带入更高境界。"

2004年大学毕业后，伊万卡任性地拒绝去家族企业，而是去了其他房地产公司，并且坚持先从基层做起。虽然工作很累人、很辛苦，但伊万卡却深入地了解了房地产业各个环节的工作，由此积累了丰富的工作经验，几年后她才回到家族企业，并成为特朗普集团的副总裁。

伊万卡所要负责的工作可谓千头万绪，从全球范围内房地产项目的评估分析到项目的建设、行销和租借，对于一个24岁的女孩子而言，这样的工作很困难，但伊万卡才不会去依赖他人，她肯于勤奋积极地工作。她的日常生活就是坐着飞机奔波于各地，参加商业会议，经常一天只能睡上 4 个小时。为了调查酒店业竞争者的状况，她每个月都要在其他酒店住上一晚，最终把酒店的部分业务推向了国际。

再后来，伊万卡与大自己一岁的名门公子贾瑞德·库什纳喜结连理。尽管夫家和自家的经济条件足以让她安心做一个全职太太，不愁吃喝，生活安乐，但伊万卡依然任性地活跃在商界和时尚圈。她不仅在父亲的"特朗普集团"中担任副总裁、在美国著名的真人秀《名人学徒》中担任主持人，还拥有以自己名字作为品牌的珠宝公司，曾连续两年登上福布斯杂志女富豪排行榜，令众人艳羡不已。

随着父亲竞选为美国总统，伊万卡任性地宣布将在白宫担任非正式顾问职务。

伊万卡·特朗普的父亲是一代富豪，丈夫是名门公子。然而，她依靠别人了吗？没有，很显然她根本用不着，她不需要以父亲和丈夫来确认自己的身份，因为她本身就是一个成功的女人。她任性地独自面对生活，依靠自己打拼事业。当她越来越强时，自然也就有能力过上令无数人向往的生活。

所谓任性，就是本命自主的率性。有自己的经济基础、有自己的生活态度，把命运交给自己，而不是其他任何人。如此，你就无须获得别人的同情，也无须谴责命运的捉弄。即便是在困境面前、在灾难面前，也能够任性地谈人生、讲人格、讲尊严，如此总有一天你会过上随心所欲的生活。

那些大咖们，都曾深度地任性过

有这样一个任性的男人，生在优越家庭，打小聪明得令人另眼相看；而且如此聪明的孩子又异常勤奋，前途自然一片光明。18 岁那年，他顺利地考入复旦大学，因为成绩突出，提前一年毕业，被陆家嘴集团纳入旗下。

第一年，他在基层稳扎稳打，默默无闻；第二年，他一鸣惊人，荣升集团下属公司的副总经理，二十出头的副总经理，这在上海这个国际化的大都市也是个不小的新闻了；第三年，他一飞冲天，成为集团董事长的秘书，级别虽然不算高，但绝对是个很有分量的职位。同一年，该集团总裁被调往浦东新区任副区长，要带他一起去，但他婉言谢绝了。这时的他，在上海滩就是年轻有为的代名词，人们确信，只要他按部就班地走下去，前途无可限量。

可是，他"任意妄为"了。就在他春风得意之时，他却辞职了，准备去证券公司工作。有人提醒他，"单位马上要分房了，等房子到手你再走也不迟。"能在上海有一套属于自己的房子，这是很多年轻人望眼欲穿的事，可他却任性而骄傲地说："难道我这辈子还挣不到一套房子？"这话说得够任性，掷地有声，铿锵有力，令人无言以对。

在证券公司的那几年里，他完成了人生的两个重要转折：一是在同事中觅得一位美丽贤惠的夫人；二是在中国股市井喷时果断出击，掘到了第一桶金。他准备用其中的 50 万创办一家网络公司。那颗与生俱来的任性的心，让他始终无法停下脚步。那时正值互联网的冬天，又有好心人劝他："做人知足一点好，现在搞互联网，几乎是要赔出血的。"他依旧我行我素。

于是在一间不足 10 平方米的小屋里，他创立了盛大网络公司，从此一发不可收拾。当年，《人民日报》多次点评盛大的《传奇》，其风头绝对超过今天的《王者荣耀》。当年腾讯上市的时候，盛大已经在美国上市一年了，他也借此成为当时的中国首富，这一年他仅 32 岁。没错，他就是陈天桥，一个任性的人。

他的任性故事还在继续。正当大多数互联网公司凭借游戏赚得钵满盆盈之时，他的盛大完全剥离了游戏，因为游戏在一定程度上使许多人，荒废了学业、事业。如今，在财富榜上已经很难再看到陈天桥的名字了，他有多少钱，我们并不知道，或许他自己也不关心。如今，他与他的美丽妻子一直专注于慈善事业，对于陈天桥来说，他任性的境界已经达到了另一个层次。

心，就是一个人的导航仪，心什么样，就能到达什么地方。一个人，如果不能打碎心中的禁锢，就算给他一片大海，他也领略不到自由的感觉。对于年轻人来说，事业有成的最大障碍就是心软无力，是自己的心在面对这个任性的世界时，表现出的脆弱、懒散与满足。

那些让你艳羡不已的人物，都不肯收留一颗玻璃心，他们不给自己设限，也就没有了限制他们的封印，人生因而便会变得广袤无止境。

　　其实，成功从来都没有想象的那么难。很多事，并不是因为难我们做不到，而是我们不敢做才显得有些难了。生命的成长，根本用不着太多技法和谋略，只要你愿意遵从心中的梦想饶有兴味任性地活着，终会发现，成功的门一直向你敞开着，这个成功，也许是物质方面，更多的是精神层次。

　　然而，很多人虽然才华横溢颇有能力，却又有一个致命弱点——缺乏任性改变的勇气，于是只能在原地打转，一辈子平平庸庸。如果你渴望人生的不凡，对自己的人生，真的应该任性一点，这不是固执刚愎得没有底线，而是活出自己的个性，有了这种任性，人生才不会荒芜。

要想呼风唤雨，先要变成更好的自己

1947 年 7 月 30 日，阿诺德·施瓦辛格出生在"战后"奥地利的一个普通家庭里。施瓦辛格虽然其貌不扬，却从小崇拜美国健美明星里斯伯加。为了有朝一日能成为里斯伯加那样有气魄的人，他不仅开始坚持体育健身和健美，还收集和阅读了大量的健美杂志，从中学习训练方法和营养指导。

在当时的奥地利，健身运动并不被认为是帮助人们有所成就的途径。父母希望施瓦辛格能好好学习，考大学，然后做律师、当医生，事实上这也是一般人对子女的期望。但施瓦辛格却坚持认为，只有成为更好的自己，才能任性地在这个世界上生活，他依然按照自己的想法追寻"健美先生"的理想。

后来，施瓦辛格被征召入伍，但他依然没有放弃自己的理想。他冒着受军纪处分的危险，任性地偷跑出军营，参加"少年欧洲先生"的评选，并获得了不错的名次。就这样，在服兵役期间，他一举拿下四项健美先生的奖项，并成功获得了里斯伯加、美国健身界的"教父"韦特的注意。

这两位大人物十分欣赏勤奋、有着坚强意志力并表现出色的施瓦辛格，亲自培训，使施瓦辛格小有成就。

有一段时间，施瓦辛格在南加州参与专业训练。那时很多人在健身时边说边笑，施瓦辛格认为这种训练方法太过懒散，他任性地不断增加自己的健身强度。别人一周 3 次，他一周 7 次，每天上午练上半身，下午练下半身，每天都要训练 6 小时以上，而且常年如此，这是他独创的一套健身方法。

凭借这种任性的高强度训练，施瓦辛格终于脱颖而出，成为享誉世界的健身先生，并连续获得了一届国际先生、三届环球先生与连续六届的奥林匹克先生荣誉。

有人这样评价施瓦辛格："只要是他想拿到的奖项，他就会用别人难以置信的坚强的意志力去完成它。"这该是一种怎样的毅力、这该是一种怎样的任性。施瓦辛格依靠坚强的毅力和坚持不懈的精神，让自己变得越来越强大。随着时间的推移，他变成了最好的自己，更取得了斐然的成绩。

可见，当一个人任性地朝着目标前进时，这个世界是会为他开路的。

让将来的你感谢现在任性的自己

　　1973 年，美国哈佛大学录取了男孩甲和乙。他们同样是计算机系的学生，同样的聪明伶俐、勤奋好学，而且都梦想着能够在计算机行业干出一番非凡的成就。只不过，一个敢于追求，一个谨慎保守。

　　大学二年级时，男孩甲找男孩乙商议，希望两人能一起退学，去开发一种叫 32BIT 的财务软件，因为新编教科书中已解决了进位制路径的转换问题。

　　男孩乙感觉到非常惊诧："我们现在还是学生，各方面的条件还不成熟，凭借什么呢？我来这儿是求学的，不是来闹着玩的。我想等自己有能力了再去做。"他委婉地拒绝了男孩甲的邀请。

　　后来，男孩甲任性地退了学，去开发在当时被视为只有大学四年后才有能力做出的 32BIT 财务软件，男孩乙则跟在导师后面努力研习。

　　几年后，男孩乙成为了哈佛大学计算机系的硕士研究生，他认为自己终于具备了足够的学识可以研究和开发 32BIT 财务软件了。但是，此时男孩甲已经绕过 BIT 系统，开发出了 EIP 财务软件，它比 BIT 快 1500 倍，并且一经推出，两周内就占领了全球市场，这一年他成为世界首富。

相信很多人已经猜到了，男孩甲就是比尔·盖茨。

和比尔·盖茨的这个同学一样，很多人都认为，只有事先有了非常充分的准备后，才有能力去追逐梦想，殊不知却被这个理由拖住了追寻的脚步。而比尔·盖茨则相信自己，他为了追逐梦想任性地退学，结果早早地圆了梦。

梦想是经不起等待的，尤其不能以实现另外一个条件为前提。不少成就一番事业的人，往往都是任性的，在理清事情的大体方案后，他们就会立即付诸行动。

安东尼·吉娜就读于大学艺术团，是一名歌剧演员。在一次校际演讲比赛中，她自信满满地向众人展示了一个最为璀璨的梦想：大学毕业后，要到纽约百老汇去，并立志要成为一名优秀的主角。成为百老汇的一名主角，这是吉娜梦寐以求的愿望。但她偶尔也会失落，因为她不确定这个梦想何时才能实现。

当吉娜将自己的忧虑告诉最信赖的导师时，导师建议道："你今天就出发。"吉娜当时被吓了一跳，因为她觉得导师的建议太草率了，但导师却质问道："你总是说大学毕业后再去百老汇，但你今天去百老汇跟毕业后去有什么差别？"

吉娜认真地想了一会儿，大学生活的确不能帮自己争取到百老汇的工作机会，于是说："我决定一年以后就去百老汇。"岂料，导师又质问："你现在去跟一年以后去有什么不同？"

"那我下个学期就出发。"吉娜鼓足勇气说道。但是导师又紧追不舍地问道："你下学期去跟今天去，又有什么不一样？"

吉娜有些晕眩了，"我知道您是希望我有胆识一些，这样吧，我下个月就去。"吉娜以为导师这次应该同意了，但是导师又不依不饶地追问："一个月以后去百老汇，跟今天去有什么不同？"

"下星期，给我一个星期的时间准备一下，我就出发。"吉娜回道。但导师依然步步紧逼："所有的生活用品在百老汇都能买得到，你一个星期以后去和今天去有什么差别？"

吉娜不说话了，这时导师又说："据我所知，百老汇的制片人正在酝酿一部经典剧目，几百名各国艺术家前去应征主角。我已经帮你订好了今天的机票。"于是，吉娜就这样急匆匆地前往百老汇了。

在那一场百里挑一的激烈角逐中，吉娜表现得非常好，当即被定为主角。就这样，吉娜顺利地进入了百老汇，穿上了人生中的第一双红舞鞋。之后，她成为了百老汇中最年轻、最负盛名的演员。

在导师的劝导下，一心想成为歌剧主角演员的安东尼·吉娜没有准备，任性地立即前往百老汇应征主角，这正是她成功的机缘。试想，假如安东尼·吉娜等自己毕业之后再去纽约百老汇的话，其间会发生多少事情呢？如果等到所有的条件都成熟才去行动，那么也许就要永远等下去了。

不要等到万事俱备以后才去做，因为世上永远没有绝对完美的事，也永远没有万事俱备的时候。只要心中有梦想，就要任性地立刻去实现。有了积极的行动，我们就有勇气克服所面临的各种困难和险阻；有了积极的行动，我们才有机会看到自己的努力和付出，引发好的结果。

相信，将来的你一定会感谢现在任性的自己。

在正青春的年纪，为什么不任性一回

"社会和学校不一样，没有人会拿你当孩子般宠着，还有人会利用你、伤害你。你要学会圆滑处世，见人只说三分话，千万不能任性妄为。"自毕业后，母亲就一直如此叮嘱苏仟。上班第一天，苏仟满脑子都在重复这些话，因为害怕被利用、被伤害，苏仟处处小心翼翼，半天不说一句话。

"单位人多眼杂，关系错综复杂不好处，一定要小心点儿。一个不小心，就有可能被人揪个小辫子，让你哭都没有地方哭。"一位同事是苏仟曾经的学姐，逢人就微笑，对苏仟亦如此。进入公司后，令苏仟觉得最温暖的，莫过于那一抹微笑了。但苏仟处处提防，就连和学姐相处时，也不得不时刻小心。

苏仟身上的青涩味道还未褪却，就披上了成熟世故的外衣，掩盖了所有的迷茫与不解，伪装成一个历经世事的人。虽然这样比较安全，但夜深人静的时候，苏仟总是觉得迷茫不已，开始怀疑生活，怀疑世界：是不是真的再难找到一片净土？是不是人心真的如此复杂、难以揣摩？

苏仟还清楚地记得，大学毕业典礼那天，校长对着满怀期待的莘莘学子发表了一番恳切的讲话。现在想来，那番讲话其实更像是一番语重心长的忠告："青春应该是任性的，不用害怕圆滑的人说你不够成熟，任性而活，才能拥有最饱满的人生。"于是苏仟决定，任性地生活，哪怕会头破血流，哪怕会遭受欺骗。

接下来，苏仟不再假装成熟，她像一个任性的孩子，在职场里进进出出，比如苏仟犯过"浑"，不接受单位的工作调动，给咄咄逼人的老板来了一个下马威，宁肯走人亦不妥协；苏仟犯过"二"，当客户冤枉她的时候，她没有委曲求全，而是直接指出了对方的不对；苏仟犯过"傻"，明明是出于好心帮助一位犯错的同事，结果被对方利用了一把，还散播了不堪的谣言……苏仟笑过、哭过、闹过，却也深刻体验到了生活的各种滋味，知道该如何稳稳地继续走下去。

再后来，苏仟遇到了爱情难题：一个是潇洒浪漫的时尚男人，一个是体贴温厚的老实男人。母亲说，过日子就该选后者，轰轰烈烈终有一天会平淡，柴米油盐的琐碎才是生活。但苏仟再一次违背了母亲的意愿，选择了前者。她认为，爱情不应该过于平淡，轰轰烈烈爱一场才会无怨无悔。

与时尚男人相处了数月后，这段轰轰烈烈的爱情果然如母亲预料的那般结束了，而且是异常的干净利落。对方是一个目标明确的人，也很自我，在许多重要的问题上，他们的人生观与价值观无法达成一致。而苏仟也懂得了，自己曾经仰慕的这类人，只适合做朋友、做导师，不适合做爱人。

"为什么你总是要这么任性？"母亲痛心地问。

苏仟回答道："什么都看透了、看淡了，还如何享受过程？现在的我正值青春，与其急着练就'成熟'与'沧桑'，不如任性地度过青春期。爱过了、走过了，就没有遗憾了，即便放弃也是心甘情愿。所以，我并不忧伤，相反，在这一次恋爱与失恋中，我学会了成长，变得更加理性了。"

处在青春中的，我们总是怕自己不成熟、会受伤。其实，不成熟不可怕，会受伤也不可怕，真正可怕的是在不成熟的季节里不敢任性，故作成熟，委屈了自己、扭曲了个性。要么成了白天带着假面具、不敢露出真实自己的傀儡；要么是在别人所指的路上前行，走着走着却频频回顾，想尝试那条自己想走却未曾走过的路，满心遗憾。既然如此，在正青春的年纪，为什么不任性一回？

青春是一个自修的过程。年轻时，谁都不可避免要走一走弯路，走过了、试过了，自会懂得。成长，总需要一个过程；成熟，更不是谁教会的经验。不妨任性一点，虽然可能会受伤、会输，但是慢慢成长、慢慢蜕变，你最终会出落成一个真实而饱满的自我，成就一段无悔的人生。

来一场说走就走的任性旅行

伊丽莎白是一个三十多岁的女人，拥有着美国成功女性所拥有的一切：成功的事业、丈夫、大房子。表面上看她很幸福，可实际上她并不知道自己真正想要的是什么。用她自己的话说："15 岁起，我不是在恋爱就是在分手，从没为自己活过两个星期，只和自己相处。"

年幼时，伊丽莎白曾经以为长大后的自己会是儿女成群的母亲，可是婚后她才发现，自己既不想要孩子，也不想要丈夫。这种纠结让她终日生活在悲伤、恐惧和迷惘中。为了给自己时间和空间，想清楚自己想要什么样的生活，伊丽莎白任性地辞掉了令人羡慕的工作，开始了一个人的旅行。

这一走，就是一年。

在意大利的罗马，伊丽莎白品尝着美食，尽享感官上的满足，在世间最好的比萨与美酒的陪伴下，她感觉到了灵魂的重生；在印度，当地的古鲁和一位牛仔帮助她用四个月的时间走进了自己的精神世界，与瑜伽为伴的日子洗涤了她那颗混乱的心；在印尼的巴厘岛，她找到了平衡世俗想法和精神超越的艺术，并意外地收获了爱情。

这是美国电影《美食、祈祷和恋爱》中所讲述的故事。尽情享受美食、与心灵对话、平衡身心、品味爱情，这一切都发生在路上，发生在伊丽莎白任性独行的日子里。这一场旅行，是一种改变人生的经历，收获的不仅仅是旅途中的风景，还有细微事物给予心灵的感动，以及在孤独中的身心净化。

我曾在微博上看到过这样一句话：一辈子总该有那么一回，来一场说走就走的任性旅行。旅行的意义在于，每个人刚开始成长的时候，总是局限在一个小的范围中，接受的人和事都是有一定限制的。而旅行让人放眼观察世界，见识不同的人、不同的事，视野变得更为宽广，进而影响到自身对很多事情的看法。

伊丽莎白的那一场任性的旅行，无疑是一场寻找自我灵魂之旅。过去的生活之所以让她感到压抑和迷茫，是因为少了自己的精神世界，用外界的一切来填补心灵的空虚，却从未给予自己真正的放松，考虑自己真正想要什么。而长达一年的独行，让她寻求到精神世界的富足，更深刻地感悟了生活。

一个踏遍了千山万水，看惯了山川湖海的人，是不会沉迷于小院落里的一处假景的。

对此，有人将旅行总结为三重境界：第一重是邂逅了一个未曾到过的旅游目的地，在这种全然陌生的旅游过程中获得一种惊喜；第二重是在一个旅游目的地获得一种生活方式，反思现有的生活方式，进而让自己活得更舒服；而最高的一重境界是在旅游中终于邂逅了全新的自己、更更好的自己。

在众人眼里，鹃子是一个任性的姑娘，每年她都会请一个月假环游世界。先是周游亚洲，再去欧洲，至今还在非洲各国辗转游荡。不同于普通人的走马观花，她是以最贴近的方式去深入这个世界，品尝新奇美味的食物、了解各地的风俗习惯、见识各地的奇人异事。身上弹尽粮绝时，她也会练摊，其间她摸索到了水晶和宝石鉴定知识，以代购换取经济上的回报。再后来，受同住一家旅店的他国小伙伴的鼓励，她欣然走进一家教会孤儿院做了一名义工，帮助来自各国的朋友。

"请一个月假去旅行，你不担心失业吗？"有人问。

"不，我从不发愁没有工作，我发愁的是所有的工作都是一样的。"鹃子答道。

为什么选择旅行？鹃子说不清楚究竟是什么原因。也许，是旅行勾起了她心里的某种欲望，比如自由自在的生活；也许，是她厌倦了"温水煮青蛙"般的日子，害怕一眼望到底的人生。但她清楚地感受到，每当走出写字楼的那一刻，她会有种久违的轻松感。天似乎比平时蓝了，风也柔和了。望着街上匆匆行走的人群，她突然萌生了一种同情感，而后又对即将到来的"新体验"充满期待。

其间，鹃子会用微信记录下旅行过程中痛并快乐的每一天，她说："在这个城市里，应该有很多和我一样的女人——单枪匹马地生活，高负荷地工作。这就是我在北京的6年，即便面对电视镜头里真实的生死离别，也麻木到哭不出来的地步。生活不止眼前的苟且，还有诗和远方……旅行的时候，我感受到风一样的自由、内心的种种渴望，这就是我旅行的意义。"每次旅行回来，鹃子的精神状态都非常好，总是能以积极饱满的状态投入到工作中，她也会兴致勃勃地给人们讲旅行中的故事。而和她在一起，大家会觉得有更为广阔的交流空间、更有趣的交流方式。

喧哗的城市、重复的节奏，许多人如同一部机器般日夜旋转，陷于循规蹈矩之中，于是感觉空虚寂寞，甚至不知何去何从。既然如此，我们何不任性一点，去寻求自我的精神绿城呢？也就是说，我们要从繁杂的生活中抽出身来，趁阳光正好、趁微风不躁、趁现在年轻，说走即走，看陌生的风景，遇陌生的人。

　　愿每个人都能在一场说走就走的任性旅行中，遇见真正的自己、遇见未知的美好。

生命有且只有一次，任性去享受

从前有一个富翁，他家地窖里珍藏着很多的葡萄酒，其中一坛品质上乘、历史悠久的被深埋于地底下，只有他知道。

州府的总督登门拜访，富翁提醒自己："不，不能开启那坛酒，这酒不应仅为一个总督启封。"

国王来访，和富翁同进晚餐，但他想："国王不懂这坛酒的价值，喝这种酒过分奢侈了。"

在儿子结婚的那天，富翁自忖道："不行，不能拿出这坛酒，要等待最重要的时刻才可以。"

随着时间的流逝，富翁地窖里的葡萄酒被喝了一坛又一坛，唯独那坛最好的葡萄酒却从来没有人动过。有一天富翁死了，下葬那天，地窖里所有的酒坛都被搬了出来，除了那一坛陈年老酒，因为没有人知道它埋在哪儿。就这样，这坛酒依然被深埋在地下，一年又一年，也没有人知道它的味道有多醇香……

对美丽的东西不去享用，平白冷落，便是一种糟蹋，生命亦是如此。

人生短短几十年，时间那么稀缺珍贵，如何让自己活得出彩？这才是人生的关键。但人们似乎都很愿意牺牲当下，去换取未知的等待，"等到我买房子以后，我会准备一顿美餐，好好犒劳自己""等我最小的孩子结婚之后，我就可以松口气，来场国外旅行""等我把这笔生意谈成之后，我要好好休息几天"……

殊不知，时间是无法储存、无法珍藏的。在有限的生命里，如果我们不懂得任性地去享受，不知会错过生命中多少美好的东西，失去多少可能的幸福。

一个80岁的老人写了一篇文章，文章是这样写的：

"我这一生活得太不任性，我必须是贴心的女儿、温柔的妻子、慈祥的母亲、勤劳的员工，我每天都在为了这些事情忙碌，而一刻也停不下来。直到现在，生命将走到尽头，当我不得不停下来时，才深深地意识到，我还有很多事情没有做、有很多话来不及说，很多东西都还没有吃过……这实在是人生的失败和遗憾。

如果我能重活这一生，我要任性享受更多美好的时刻——每一刻、每一分、每一秒。如果一切能重来，我要做什么呢？我会在早春赤足到户外踏青，在深秋买自己喜欢的呢大衣，我还要去游乐园坐几次旋转木马、多看几次日出、跟朋友们一起欢笑，只要人生能够重来。但是你知道，不能了……"

生命只在一瞬间，花开堪折直须折。美丽的东西只有在用的时候，才能更见其光华。譬如，一瓶好酒，与其等着日后白白地浪费掉，还不如现在和家人、朋友坐在一起品尝，大家一起津津乐道地赞美它的醇香与它的美妙，远远要比把它独自藏起来的意义更深远，反而更给生活添加光彩。

有一次，意大利记者吉阿提尼访问俄罗斯著名钢琴家安东·鲁宾斯坦。告别时，鲁宾斯坦热情地送给吉阿提尼一盒他最喜欢抽的雪茄。

吉阿提尼很是激动，说："我要好好地把它们珍藏起来。"

"千万不可，"鲁宾斯坦劝道，"你一定要现在把它们抽掉。这些雪茄美妙如人生，人生是不能保存的，你一定要尽量享受它。要知道，没有爱和不能享受人生，生活就没有了任何乐趣。"

"人生是不能保存的，我们要尽量享受它。"鲁宾斯坦真是一个智者！

人生苦短，做一个任性享受生活的人吧！不要在意享受的定义，要知道，享受生活的方式有很多，因为生活本身就多姿多彩，关键在于你如何选择、如何对待，比如你可以在晚上放下一天的忧虑，听上一段轻音乐、看上几页喜欢的书，又或者在周末约上好友一起品尝美食，在假日里做做 SPA⋯⋯

无须想得太多，想做就做、想吃就吃、想爱就爱，学会慷慨地及时行乐，尽情地享受眼前的时光，享受身边的美好事物，这才是生活的真谛。这样，我们就会感觉到生活的美好、生命的可留念。在有生之年，我们可以任性地、骄傲地对所有人说：我努力过，我也享受过，我的人生没有遗憾。

第二章
如果不曾承受垫底，恐怕你终究任性不起

没有人有耐心听你诉苦，因为每个人都有痛苦；没有人喜欢听你抱怨生活，因为每个人都活得不易。那些挣扎在梦魇中的恐怖、失望、寂寞、荒芜，还是交给自己，慢慢化解。你想要任性，就要先学会承受。

哪有那么多公平，等你强大了再说

琳达是一名服务行业的销售人员，毕业后她拿着微薄的薪水，穿着高跟鞋每天在烈日下跑。面对客户的时候，即便心情再不好，她也会努力保持微笑，还经常要接受客人的各种质疑甚至谩骂。但琳达从不懈怠，总是踏踏实实地工作。单位上下都对她赞美有加，说她年纪虽轻，但是聪明机灵，待人接物都很得当。

后来，单位决定从基层提拔一位员工做管理层领导，大家都一致推荐琳达，琳达也自认为有这样的资本。谁知，这个好机会却落在一个新人身上，他是单位某领导的儿子。这个新人学历没有琳达高，能力不如琳达强，琳达原本一天完成的工作量，他则拖拖拉拉三天才能完成。

许多人都替琳达感到气愤，觉得这样的处理很不公平，但琳达却任性地说自己不在乎。她继续努力地干好自己的工作，还利用业余时间考取了两个跟工作相关的证书，参加了一些网上培训课程。这样一来，通过不断的积累和学习，琳达的工作能力就越来越突出了。后来单位开办分公司时，琳达直接被任命为分公司的总经理。

为什么有的人工作能力不如我、学历不如我却比我升职更快？为什么有的人每天游手好闲，却能够得到领导的重用，一路绿灯，而自己兢兢业业地工作，却处处碰壁……此时，很多人会愤愤不平，抱怨命运不公，甚至咒骂生活给予自己的都是苦不堪言、给予别人的都是妙不可言。

　　不可否认，生活确实有不公平的一面，绝对的公平是根本不存在的。但如果你想拥有任性的资本，想要这个世界公平一些的话，能做到的既不是一味自怨自艾，也不是据理力争的争取，而是先让自己变强大。只有你强大了，才有资本向这个世界要公平，不公平自然会慢慢会转变成公平。

　　高中时期是人生的一大转折点，但就在这个关键时期，她居然病倒了，而且一躺就是半年，与梦寐以求的大学失之交臂。病好之后，她向家人提了一个任性的要求——一定要上大学。为了把病中耗费的 4 年"挣"回来，也为了给并不富裕的家庭省点钱，她选择了参加高等教育自学考试。

　　拿到自考专科毕业证书后，她拒绝了普通公司的聘用，任性地选择了著名的 IBM 公司，做起了"行政专员"，这种工作与打杂无异，什么都干。她每天不但要负责打扫办公室卫生，而且还要负责给人端茶倒水，几乎没有人注意她、在意她。

　　一次，因为没有带工作证，公司的保安把她挡在了门外，不让她进去。而其他没有佩戴工作证的人却可以自如地进出。她质问保安："别人也没有带工作证，你为什么让他们进去？"得到的回答却是："他们都是公司白领，你和人家不一样！"

　　她感觉自己的自尊心被人当众踩在脚下了，看着自己寒酸的衣装、老土的打扮，再看看那些衣着整洁、气质不凡的白领们，她在心里发誓：

"命运为什么这么不公平？难道我真的只能做端茶倒水的工作吗？不行，我要努力缩小与这些人的差距，今天我以 IBM 为荣，明天要让 IBM 以我为荣！"

此后，她利用所有的闲暇时间用来充实自己。由于什么都要从头学起，她每天都是第一个来公司，最后一个离开，还常常熬夜到两三点，有几次居然晕倒在办公室。很快她就成为了一名业务代表，而后，通过几年的认真学习和实践锻炼，她的工作能力越来越突出了，被任命为 IBM 公司的中国区总经理，被人誉为"打工皇后"。她就是吴士宏。

通过吴士宏的故事，我们可以明白这样一个道理：人生是相对公平的，在一个天平上，你得到的越多，也必须比别人承受得更多。如果想改变生活的不公，得到自己理想中的公平，唯一的方法就是像吴士宏那样让自己快速地成长起来。等你的能力慢慢变强的时候，你就有更多的话语权和选择权了。

站在世界顶峰的时候，世界才会听你的！

当你变强大的时候，再来谈公平吧！

要么闭口不言，要么努力改变

在别人看来，珍妮是一个任性的人，找工作的时候，她从不在乎工资的高低。即便对方给出的工资不理想，她也不会指责或抱怨，而是踏踏实实地工作。这样的结果是，珍妮的职位一次次获得提升，工资也屡次翻倍。当别人问及成功的秘诀时，珍妮总是任性地说："如果不满意现在的工作，要么闭口不言、要么努力改变。支付工资的从来都不是老板或公司，而是自身的业务能力与工作表现。"

大学毕业后，学习法律专业的珍妮没有找到合适的工作，暂且在一家保险公司当了业务员。刚到公司上班，珍妮的工资低得可怜，而且她发现公司大部分人总是不停地抱怨，抱怨工作难做、抱怨待遇太低，抱怨保险行业不景气、抱怨专业不对口……干活也提不起一点精神。但是珍妮却任性地说："抱怨没有什么用，该干的活不照样得干吗？既然能找到这份工作，就要好好珍惜，力争把它干好。"就这样，她把心中所有的不满都压了下去，一头扎进工作中，踏踏实实地干活。无论接到老板的任何指派，她都会一丝不苟地完成，没有任何怨言。

天长日久，珍妮与公司其他人截然不同的工作态度引起了经理的注意。在经理的特意关照和引导下，珍妮很快就掌握了推销保险的诀窍，业绩也随之突飞猛进。当公司那些喜欢抱怨的同事依旧业绩平平，每天重复抱怨生活的时候，珍妮已经一步步后来居上，成为了分公司的地区负责人。

从某种程度上说，工资是养家糊口的关键、是证明自身能力的方式。珍妮之所以任性地不计工资高低，就在于她明白，一味地抱怨无济于事，只有努力地改变自己才能真正改善处境，因此，她在工作中踏踏实实，从来没有任何怨言。最终，她取得了不俗的业绩，获得了更多任性的资本。

我们都希望有一个平稳的环境、能将一切事务打理得井然有序、可以任性地做自己想做的事情。但人生不如意事十有八九，各种烦恼会纷至沓来，工作的繁忙、生活的忙碌、薪水的微薄、沟通的障碍、情感的波折、天气的变化等，于是不少人开始了抱怨。然而，抱怨又能给我们带来什么呢？

抱怨所能带来的最直观的东西就是持续不断的坏情绪，每一次的抱怨都是一个重复痛苦的过程，只会令自己的情绪越来越糟糕。而且坏情绪就像传染病一样，别人的好心情很可能会因我们的抱怨而变得十分糟糕，甚至惹来一身怨气，导致自己越来越泄气，长此以往，所处的整个环境都会变得糟糕起来。

你知道著名的农药DDT吗？如果把它喷洒到植物上杀虫，它散布到空气中时还是非常稀薄；但是随着一场雨水的到来，它就被雨水从空气中带到了地面，沉积在河里，被浮游生物吸收，沉积的浓度就增高到1万倍以上。之后，河里的小鱼虾吃掉浮游生物，大鱼虾又吃掉小鱼虾，人再吃这些鱼虾。最后，人的身体就沉积了毒物。这时，DDT的浓度已经悄然地发生了变化，而且，这个变化让所有人大吃一惊：其浓度比最初空气中的浓度高出了 1000 万倍。

事实上，很多时候，行动比抱怨要有用得多。有一句话说得好："如果不喜欢一件事，就改变那件事；如果无法改变，那就改变自己的态度。不要抱怨。"当一个人能舍下心中的怨气，摒弃无休止的抱怨，努力做好自己的事情时，就能凭借自己的力量改变所处的环境，进而获得了任性的资本。

徐朗在一家国际贸易公司上班，他对自己现在的工作不满意，经常愤愤不平地对朋友们说："工作这么多年，仍然干杂七杂八的小事，我真倒霉！""没完没了地加班，福利低、管理不善、氛围糟糕""老板也不把我放在眼里，如果再这样继续下去，我就辞职不干了，但我不敢那么任性"……

一次当听到徐朗的种种抱怨时，一位朋友问道："你对公司的业务流程熟悉吗？对于他们所做的国际贸易的窍门完全弄清了吗？"

"没有，我懒得去钻研那些东西。"徐朗漫不经心地回答。

"那我建议你先静下心来，抱着一种学习的态度，用心地对待自己的工作，好好地把公司的业务技巧、商业秘诀、客户特点和公司运营完全搞清楚，甚至包括签订合同都弄懂了之后，再做决定。"朋友说，"你将公司当作免费学习的地方，学会之后再任性地一走了之，不是既有收获又出了气吗？"

徐朗听从了朋友的建议，改变了往日散漫的习惯，对待工作很是用心，常常下班后还在办公室里研究商业文书的写法。半年过后，徐朗不再经常向朋友抱怨，而是说："我觉得这份工作挺有意义的，当我的能力越来越强时，老板对我渐渐刮目相看了，后来我任性地提出辞职，老板居然对我委以重任。"

徐朗的待遇为何发生了改变呢？是他所在的公司不一样了吗？是他的老板换了吗？不是！公司是同一家，老板也没有变，是徐朗自己发生了改变，以前他对待工作自由散漫，因此不被老板重视和重用；而后来他不再抱怨，工作积极主动，能力日益提高，老板自然对他刮目相看并委以重任。

抱怨是最无用的，只有真正积极的行动，才能处理好眼前的各种不如意。所以，将抱怨的精力和时间用来思考如何去解决问题，改变自己的现状、改变自己的思维、改变自己的言语吧，这些都是你任性的资本事。

连行动的勇气都没有，当然任性不起

8岁那年生日，罗伯特收到了祖父送给他的礼物：一幅被翻得卷了边的世界地图。这幅地图大大开拓了他的视野，使他产生了非常多的愿望：到尼罗河、亚马孙河和刚果河探险；驾驭大象、骆驼、鸵鸟和野马；读完莎士比亚、柏拉图和亚里士多德的著作；谱一部乐曲；拥有一项发明专利；给非洲的孩子筹集100万美元捐款；写一本书……

说到这其中的很多愿望，大多数人也曾有过，但也仅仅是想想而已。罗伯特不一样，他任性地要去实践这些梦想。

当得知罗伯特经济状况并不好，而且想用80美元周游世界时，别人都认为他太任性妄为了，这简直是痴人说梦。罗伯特却丝毫不在乎，他在口袋里装好80美元，任性地开始了环球之旅。最终，他完美地实现了自己的梦想。罗伯特究竟是如何做到的？以下是他旅途中经历的一些片段：

在巴黎，罗伯特提供了一份美国人最近旅游习惯新变化的资料，他在一家高档的宾馆享受了一顿丰盛的晚餐。

从巴黎到维也纳，由于所搭乘的货车的司机在半途得了急病，已经拥有国际驾驶执照的罗伯特将司机送到了医院，并将货物安全送到了目的地。货运公司非常感激他，专门派车将他送到维也纳，当然是免费的了。

在瑞士一家新开张的公司门口，公司用来拍摄庆祝照片的照相机出了故障，而再去买新的又已经来不及了。恰巧在场的罗伯特免费为他们拍摄了照片，他们送给罗伯特一张到达意大利的飞机票。

按照自己记下来的愿望，罗伯特任性地去行动。几年过去了，书中的梦想一次一次地变成了现实，最终他完成了106个愿望，成了一位著名的探险家。

关于未来、关于事业、关于生活，谁都有许许多多的想法，我们甚至会为内心的宏大计划窃喜不已。但又有几个人能真正将这些想法变为了现实？一旦涉及行动，多数人就会退缩或放弃，并给自己找各种各样的借口。连行动的勇气都没有，一切都是空谈，当然你也任性不起。

毕业十几年的初中同学们聚在一起举杯欢庆，此刻，昔日的班长林想正在畅谈自己的未来计划。林想认为如今电商行业发展迅速，如果能联合县城里的大小超市，开展同城快递送货业务，一定能够大赚一笔。林想越说越激动，他说归拢超市业务只是第一步，接下来打算推出各种便民快递业务，并把快递网铺到更远的乡下。

同学们都觉得这是一条生财之路，鼓励林想一定要坚持下去，但却没有几个同学真的愿意与林想合作。大家都知道，林想从学生时代就是一个学习好、点子多，但缺乏行动力的人，他曾有很多好计划但都没有实施，以致现在仍然高不成低不就。

其中一位同学对林想描述的业务很感兴趣，他见林想迟迟不动手，就干脆利用自己手头的资金成立了一家小快递公司。因为便民又省钱，这位同学的生意红红火火，不到一年就开始盈利，而且小公司越来越壮大了。

林想听说后，和另一位同学说："看吧，我就说这一行肯定赚钱，你们都不听我的，谁也不和我合作，我就没有做起来！"

该同学忍不住问："那你为什么不自己做？"

林想支支吾吾，说了一些诸如"资金不足""害怕货运风险""做事业太辛苦"之类的理由，听得人直摇头。

说，永远比做容易。无论你有多高的天赋，多丰富的资源，多聪明的头脑、多完善的计划，不要再躺在床上幻想，任性地行动起来吧。"行胜于言""言必行，行必果""说到不如做到"，这些话都是说要想做成某件事，是需要行动去实现的。碌碌无为与成绩斐然的差别，就在于你是选择说还是选择做。

俗话说"万事开头难"，一个好的开始是成功的一半。那些美好的想法和计划，你为什么一直没有实施？担心事情不像自己预计的那样发展？担心缺乏支持、受到指责，还是害怕失败？无论是什么，只要你任性地跨出行动这一步，注意力不再被担心和恐惧所占据，你就成功了一半。

有人胸怀宽广，都是委屈撑起的

有一段时间，英国王室最为女人们所津津乐道的，莫过于卡米拉经过35年的恋爱长跑终于修成正果，任性地嫁给了查尔斯王子——由情人成为名正言顺的王后。这个相貌平平的"老女人"微胖，头发蓬乱，皮肤松弛，脸上布满皱纹，几次拒绝查尔斯的追求，而且还离过一次婚。是什么让卡米拉战胜了比自己年轻貌美的戴安娜，让王子一直无法割舍、越挫越勇？她任性一生的秘诀到底是什么？

戴安娜王妃忍受不了"这段婚姻有三个人，太挤了"，为了获得丈夫的宠爱，她曾用小刀割腕，歇斯底里，喜怒无常。

卡米拉不美丽、不年轻，但是她有耐心。当世人骂声如潮时，甚至有人当众向她扔了面包圈。为了自己所爱的人，她选择不辩解，忍受这些委屈。对此，查尔斯的传记作者说，王子在她身上找到了"温暖、理解和他一直渴望却从未在其他人身上找到的坚定"。

结局大家都知道了，戴安娜香消玉殒，卡米拉则任性地笑到了最后。

不管在人生的哪个阶段，学校也好、职场也罢，就算你功成名就，都有可能受到别人的质疑、误解，甚至谩骂。此时心高气傲、年轻气盛的人，凡事泾渭分明，一便是一，二便是二，对便是对，错便是错，一点马虎不得，一点委屈受不得。殊不知，受不了委屈，太迁就自己，也就难以任性做事。

因为，社会和人都是很复杂的，你不可能将所有的事情一一找人去对质、去解释。那将耗费你太多的时间和精力，不值得。如果为此耿耿于怀，无法真正地释放自己，那才是对自己最大的伤害。有那个时间和精力，不如放到真正有价值、有意义的事情上。学会承受委屈，是我们任性的第一步。

晓欢是新毕业的大学生，她文凭很高，能力出众，性格又好，在同事中间很是出挑，谁知却遭到了上司的嫉妒。上司故意将难任务交给晓欢，当别人都下班了，晓欢却得留在公司继续加班；与她同时入职的几个员工，晓欢的专业能力最强，在职称评定上却总是最差的一个；晓欢加班最多，奖金却没别人高。有一次明明是上司做错了事情，却让晓欢"背锅"受到经理的训斥。

晓欢很委屈，明明不是自己的错，凭什么要承受所有的结果？每次她都会有一种辞职的冲动，但转念一想：选择现在离开，只能证明自己的失败，所以不如暂且压压火气，努力证明自己的实力，并且成为公司独当一面的人。之后，这么一想再遇到类似的事，晓欢也不再心生委屈，而是专心把事情做好，尽量不让别人有错可挑。

随着自身能力越来越强，晓欢的表现也越来越好，各个方面都超越了上司，之后她任性地向经理提出辞职，但公司已经离不开她了，最终她被提拔为了部门经理。

社会规则，不是为某一个人制定的，受点委屈是必然的，能够妥善地面对和处理，让委屈不至于影响我们的心情，朝着自己的目标任性前行，这才是最好的做法。

　　曾国藩有句话："受不得屈，成不得事。"想来凡能成大事的人，必定先受了许多委屈，连功名显赫、位高权重的曾国藩尚且如此，何况他人呢？人的胸怀都是被委屈撑大的，请相信你受过的委屈，总有一天会变成你任性的本钱。

棉花堆里磨不出好刀子

许茹生在一个平凡的家庭，读了一所二流的大学，毕业后进入了一家普通地暖公司上班，做的是普普通通的业务员，每天就是平平静静地上下班。

半年之后，公司决定在开发区做一个新项目。当时很多人对这个项目没有信心，更何况所谓的开发区离市区有七八公里，非常偏僻，也不通公共汽车。许多人都不愿意去，许茹却任性地主动要求去那里工作，因为她知道，棉花堆里磨不出好刀子，而艰苦的环境最磨炼人，最能激发潜力，个人成长得也最快。

当时正值冬季，天寒地冻，时常下大雪。当其他人窝在暖和的被子里睡懒觉时，许茹早早就起了床，四处拜访客户、宣传业务。功夫不负有心人，许茹最终在艰苦的条件下开创出了一个新市场。凭借优秀的业绩，许茹顺利成为了公司技术部门的小组长，有了一批直属的手下，月薪上万。

这样又过了三年，公司决定在另一个城市开发一个新项目，而且依然是一个经济落后、交通不便的荒凉之地。若离开现在的岗位，那就意味着自己要从头开始，但许茹依然任性地选择接受新项目的开发。之所以这么做，也是同样的原因：虽然那里的环境很艰难、任务很艰巨，却可以让自己得到更好的锻炼。

通过这一段艰难的工作经历，许茹不仅积累了丰富的工作经验，而且赢得了领导的高度信任，成为所在公司的副总经理，掌管着 100 余名员工，真可谓是春风得意，大有作为。对于自己的成功，许茹任性地感慨道，"哪里有困难，我就出现在哪里。困境是锻炼我的机会，也是改变命运的起跳板！"

谁不愿意享受舒适生活？许茹为何要任性地磨炼自己呢？因为他知道，只有出类拔萃的人才有资格任性，而一个人要想变得优秀，就要多经历磨难。生存环境越是艰苦，越能磨炼人的意志、越能增加人的智慧。好刀是在磨刀石上不断磨砺出的。什么是砺石？——就是生活中大大小小的磨难。

孙悟空在进太上老君的八卦炉之前，是没有考虑过要进去的。他向往着外面的生活、向往着肆无忌惮的自由，但那都是曾经了，他不得已被关进了八卦炉，而且一关就是七七四十九年。这段时间他每日被烈火焚烧着，烟熏火燎的日子很难熬，但劫数熬尽，他出来了，自由了，并修炼出了一双超级厉害的火眼金睛。凭此，任何妖怪都逃不过他的眼睛，所以取经路上他才可以任性随意地来去。

在取经路上，孙悟空也曾几次气愤地提出，自己一个筋斗十万八千里把经拿回来，不就行了吗？这能行吗？绝对不能！用今天的话来说，取经的过程，实际上就是唐僧及四个徒弟的成长过程，没有九九八十一难的考验和磨炼，也就不可能有正果的修成。其实，佛祖看重的不是那些经书，而正是取经的过程。

　　即使如我们孙悟空般神通广大，也需经历九九八十一难才能成功；那么对于平凡的我们来说，遭遇现阶段的种种磨难，也就更加无可厚非了。反过来说，磨难也是一种人生的考验和动力，上天给予我们的每个困境都有其特殊意义，只有不断地磨砺自己，我们才能获得成长和任性的资本。

　　"铁经淬炼方成钢，凤凰浴火得重生"，人生每经历一次磨难，生命就向上提升一个层次。当生命中的磨难阻碍了你实现理想的道路时，我们不必咒骂和埋怨，不妨将它看成是命运的厚赐，大声欢呼："太好啦！生活又给了我一次成长的好机会！"

格局要大，大气度才有大作为

她是某高校的一位著名教授，整天乐呵呵的，精神抖擞，身体健康，对工作、生活都充满了热情。即便有人谩骂她，她也会微笑对之，我行我素，任性得就像一个得道高僧。

这天，她带着女儿在水果摊上买水果，因为水果有些不太新鲜，她便蹲下挑选了一番。这时，小贩很不耐烦地说道："你到底买不买？不要这样挑来挑去的。"

她笑着礼貌地回道："要买！要买！"接着把挑好的水果交给小贩，并问多少钱。

小贩看她穿着很普通，说话又和气，便有些看不起她，嘟囔着："这可是很贵的，你买得起吗？"她依旧笑着回答"买得起，买得起"，并把钱递给了小贩。

在回家的路上，女儿忍不住问道："妈妈，您是教授，是许多人景仰的人，为什么今天却让小贩如此吆喝？我都有些生气了，难道您一点也不生气吗？"

她回答道："做人要有大气度，别人生气我不气。即便别人错了，宽容一下就是了，我不能让别人的水准降低我的水准。"

在日常的生活和工作中，人际交往是必不可少的。然而，在交往过程中，不可避免地会出现一些矛盾、冲突等问题。此时最好的解决方法不是与之针锋相对、斤斤计较，而是应该用大格局以忍灭嗔，温和宽容地对待一切，于是所有的愤怒、怨恨、痛苦等都将溶解，心境如阳光般灿烂明媚。

要想活得任性，当先有大气。大气度才有大作为。文学大师拜伦说："爱我的我抱以叹息，恨我的我置之一笑。"他的这一"笑"，真是洒脱极了、任性极了。

从前，有一个叫吴智的人很瞧不起僧人，一次他在大街上恰好碰到了一位老和尚，于是便用尽各种方法讥讽、嘲笑老和尚。但是老和尚好像没听见似的，只是微微一笑，并不反击也不多言。

旁人都有些看不过去了，纷纷替老和尚抱不平，并不解地问老和尚为什么对于吴智的侮辱无动于衷，且能始终心平气和。老和尚轻轻一笑，回答道："他是病人，我是医生，我要笑着面对。我可以深深记得，他为什么情绪如此激烈……因为他所感受到的痛苦必然比我从他那里所感受到的愤怒百倍。"

老和尚顿了顿，对吴智说："你能再说多一些吗？"

吴智一下子变得面红耳赤，灰溜溜地走了。

"他是病人，我是医生，我要笑着面对。"看到了吧，这就是老和尚的自解之道。

虽然我们不提倡将别人当作病人来看待，但是"清者自清""身正不怕影子斜"，只要我们调正自己的心态，那么不管别人怎么攻击，都影响不了我们的情绪，更左右不了我们的生活。当别人的行为伤害不到你，拖不垮你、拉不倒你、挡不住你，做自己该做的事，这该是多么任性的举动。

　　无论什么时候，努力做好自己的事情，这才是最关键的。

接受现实，但别对现实俯首帖耳

她是一个素简的女人，经营着一家服装店。和其他四十多岁的女人一样，她也渴望留住美好的青春，感慨无情的岁月，但她却任性地经常素面朝天，穿着也简洁朴实。在她身上，你看不到时尚的貂绒衣，也看不到浓妆艳抹的痕迹。她的发型永远是最简单的盘头，不带任何闪闪发亮的饰品，充其量是几个茉莉花苞样的卡子。她就宛若那些安静而有韵味的茶，散发着韵味和幽香。每一个来过茶舍的人，都对这个女老板印象深刻。她说话不愠不火，宛若一杯清香的茉莉花茶，淡淡的，却让人没有丝毫的不适感。

岁月是女人的天敌，许多人都佩服她素颜的任性，和老顾客聊天时，她谈起往事，说自己在年轻时也害怕过变老，厌恶40岁的坎儿，每天生活得战战兢兢，努力地把自己装扮得更年轻。可是每次装扮完，镜中的那个自己却并未给她带来多少自信，反倒是惹来异样的目光。她才知道，那根本不该是自己本来的样子。于是，她任性卸掉那些妆容，把彩妆换成了护肤品，选择适合自己的衣服、适合自己的发型，读适合自己的书。于是，就有了今天素面朝天却不失美好的她。

"人都是会变老的，要接受这样的现实。不要对抗时间，不要把皱纹看得那么可怕。"后来的她，从来不怕别人说她老，因为她知道自己优雅的气质已经完全把身上的老态遮掩了。她愿意这样任性地素面朝天，优雅地变老。

素面朝天，敢于露出真实的自己，的确是一种任性。不过，真正意义上的任性，和素面朝天之间并没有必然的关系。相比而言，有一颗坦然面对生活的心，才是问题的根本。那些任性的人能接受现实，但从不对现实俯首帖耳，他们会努力地尽己所能，活出最好的样子，并成功地掌控自己的人生。

为了自己的将来、为了幸福的生活，艾尔·汉里每天都拼命地工作，经常顾不上一日三餐。有一天晚上，艾尔·汉里胃出血被送到了医院，专家说他得了胃溃疡，"已经无药可救了"，他只能每天躺在病床上吃药、洗胃，一天到晚吃半流质的东西。半年后，公司不得不将艾尔·汉里辞退了，心爱的妻子也离他而去，艾尔·汉里心里难过极了，觉得人生没有任何的意义，他感到绝望极了。

但幸运的是，艾尔·汉里后来意识到这样根本不能解决自己的问题，他问自己："现实已经这样了，最坏的情况无非是死亡。既然如此，还有什么可忧虑的？如何让剩下的这段时间变得精彩呢？"艾尔·汉里一直梦想着能够环游世界，但是每天为工作奔波的他哪里也没有去过，于是他任性地计划了一场"死亡旅行"。艾尔·汉里去买了一副棺材，把它运上轮船，然后和轮船公司约定好，万一他中途去世的话，就把他的尸体放在冷冻舱里，送回他的老家。之后，他开始自由自在地享受大自然中的阳光、空气，再也不担心、忧虑什么了，因为他早已经接受了死亡这种最坏情况……

这样的决定在外人看来是任性的，甚至有些疯狂。但令人惊讶的是，艾尔·汉里的身体并没有像预计的那样变得越来越糟糕，反而是越来越好了。回国后，他的胃恢复了正常，日常的任何食物都可以吃了。他开始投入工作，而且几乎完全忘记了自己曾濒临死亡边缘。当别人询问艾尔·汉里用什么方式治好了自己的病时，他回答道："我只是任性地给自己判了死刑，这使我的身心完全地轻松下来，忘了所有的麻烦和忧虑，产生了新的体力，进而挽救了我的性命。"

由此可见，任性并非消极无为、听天由命，而是努力开始。

你有你的打算，上天有上天的安排。当你按着自己的计划行事的时候，总会有意想不到的事情干扰或者阻止你。你可能感到不快，灰心丧气，此时不妨学学艾尔·汉里的做法，坦然地接受现实，任性一点，放松心情，然后尽能力、尽本分、尽良心去做事，就一定会找到合适的解决办法。

撑得起、扛得住，世界就是你的

毕业那天，她作为全校的"优秀毕业生"代表被安排在毕业典礼上表演节目，为此她提前半个月就开始排练了。同学们都羡慕她的光鲜出彩，只是别人看到的是表面，她背后所付出的艰辛却少有人问津。也许是太过激动，做事一向稳妥的她，怎么也没想到，自己会当着众人的面出糗。

那天，她穿着一条蓝色的长裙，轻妆淡抹，不失美丽。那一首《我最闪亮》，唱出了她的心声，也唱出了她对未来的希望。一切看似都很圆满，谁料就在准备谢幕的时候，她的鞋子踩到了裙角，险些摔倒。"刺啦"一声，裙子破了一个角。所有的目光都聚集在她身上，也许是当时年纪小，没经历过类似的场面，她紧张极了，感到自己的脸有些发烫，她甚至都不知道该如何走下舞台了。

停顿了几秒之后，骨子里的任性不容她认怂。只见她镇定自若地扬起头，轻轻地转了一个圈，做了一个优美的谢幕姿势，向众人说了一声"谢谢"，转身优雅地退场了。那个破了的裙角虽然很显眼，但在微风的吹拂下，居然变成了一条蓝色的带子，更显她的灵动。众人沉默片刻后，给了她最热烈的掌声。

在演唱过程中撕破了裙角，这真是一件令人烦躁、紧张的事情，但是故事中的主角却任性地坚持做自己该做的事情，于是悲观、恐惧等被吓退、被斩断，从而缔造了一场无人能及的完美演出，这样的任性实在令人动容。

有些事，不是付出了就能够得到对等的回报，也不是努力了就能换来预期的掌声。生活中总有意想不到的情况，而任性就是不向眼前的困境妥协，用自己的本事阐释自己的光彩。所以，你所要做的、所能做的，不过是尽心尽力，即使没有人为你鼓掌，也要优雅地谢幕，感谢自己认真的付出。

只要你撑得起、扛得住，世界就是你的。

奥利弗一家总是有着各种各样的理不清的问题。爷爷恶习一身、为老不尊；爸爸自以为是，本来一败涂地，却四处推销自己机械的成功学；妈妈厌倦了婚姻，自怨自艾，整天跟香烟做伴；哥哥木讷愚钝，一直想当飞行员，却不知道自己其实是个色盲。奥利弗就生活在这样一群"怪胎"之中，可她过得却很开心，尤其是当她看到"阳光小美女"选秀大赛即将举办的消息时，她任性地要报名参与。

奥利弗是一个七岁的小女孩，她不够美丽，不但有圆鼓鼓的小肚子，还戴着一副小眼镜。可那又怎样？她任性地想去选秀，不管能否选上，都一定要去。幸运的是，她有一群很爱她的家人，他们觉得没有什么比小女孩的大梦想更为重要了，于是一家人开上一辆破旧的车，前往比赛之地。

在这条为奥利弗寻梦的道路上，每个人的梦想都在经历不断的碰撞和破灭：爷爷在途中突发急病死亡，父亲成了被自己鄙夷的失败者，哥哥发现自己是色盲无法上飞行学校，奥利弗在比赛中大跳爷爷为她准备的脱衣舞引来嘘声一片，被评委赶下了舞台。奥利弗不知道发生了什么，依旧努力地跳着。最后，评委们宣布，今后奥利弗不能再来加利福尼亚参加选秀了，这是最后的结果。

尽管遭遇如此糟糕，可奥利弗心里一直任性地认为自己就是阳光小美女，之后一家人开上那辆破旧的车快快乐乐地回家了。在寻梦的旅途上，奥利弗的笑容是如此灿烂，给在场的人以触及心灵的感动。

这就是美国电影《阳光小美女》所讲述的故事，整部电影充满着阳光与欢笑，一切痛苦都在亲人的温情之下融化了。

谁都想把生活过得肆意而潇洒、谁都有自己期待已久的愿望；也许在前进的路途中你会遇到种种阻碍，但只要有任性追求的信心，不放任自己的懒惰、不逃避自己的责任、不弃追求、不停脚步，哪怕这一切离得很远，也会因生命之中迸发的念想，一步步迈向自己的向往之地，"任性"地去做自己想做事情吧！

运气来了别张狂，祸事来了别乱套

19世纪中叶，美国实业家菲尔德率领他的船员和工程师们，用海底电缆把"欧美两个大陆联结起来"。菲尔德因此被誉为"两个世界的统一者"，一举成为美国最光荣、最受尊敬的英雄。面对来自社会各界诸多的赞誉，菲尔德没有丝毫的张狂，甚至对此置之不理，任性地继续干着自己的工作。

谁知一段时间后，海底电缆发生了故障，刚接通的电缆传送的信号中断了，极大地影响了人们的生活和工作。顷刻之间，人们的赞辞颂语变成了愤怒的波涛，纷纷指责菲尔德是"骗子""失败者"。面对诸多的指责，尤其是那些恶劣的批评者，菲尔德依然置之不理，一如既往地进行着研究工作。

经过6年的努力，海底电缆最终成功地架起了欧美大陆的信息之桥。这下，菲尔德又成为了历史英雄人物。当人们再次向他祝贺，并邀请他做一番演讲时，他却任性地婉言谢绝了："我没有什么要说的，我只想做好自己的事情，不管外界说我是'英雄'，还是'骗子''失败者'。"

我们都是凡夫俗子，难免会因好运降临而扬扬得意，因失意落魄而自怨自艾，甚或由此做出种种极端举动。但任性的人却不会把这些遭遇当一回事，在荣辱面前不表露出任何情绪波动，安静坦然、沉着冷静、不躁不乱，一往无前地做自己的事情，可谓任性到了超凡脱俗的地步。

的确，有毁有誉、有荣有辱、有好有坏，这是人生的寻常际遇，不足为奇，所以无须放在心上。最要紧的是，无论身处怎样的环境，能做到处变不惊，永葆内心的宁静祥和。

这一点，英国的女首相、有"铁娘子"之称的撒切尔夫人就做得很好。

撒切尔夫人是英国历史上的首位女首相，也是英国历史上任期最长的首相。在她进入公众的视线之后，整个人看上去都是内敛稳重的，有着职业女性的特质。

撒切尔夫人处事十分稳妥，即使是在自己和丈夫差一点丧命的时候，也依旧波澜不惊。

1984 年，在英国保守党举行党代表大会的前一夜，爱尔兰共和军在英国内阁成员和议会官员居住的酒店里，包括撒切尔夫妇的套房，引爆了几枚炸弹。

当时的撒切尔夫人正穿着睡衣整理讲稿，丈夫正在浴室洗澡。那枚炸弹让整个房间变成了一片废墟，让人称奇的是，撒切尔夫妇竟然毫发无损。撒切尔夫人在逃生之前，还往身上披了两件外衣。

这一次的大爆炸，将整个酒店炸成了废墟，直接炸死、活埋压死的也不在少数。保守党党员被吓得四散飞逃、惊慌失措。撒切尔夫人的助理也因为身受重伤被送往医院。

就在这一片混乱、恐慌之下，女首相却气定神闲地从宾馆中走出，镇定自若地对团团围过来的记者宣布："党代表大会，依然如期举行！"她的气定神闲，为英国带来了稳定的政治局面，令国民心悦诚服。

任性是什么？就是无论何时何地，都能保持自我的风格，做自己该做的事。运气来了别张狂、祸事来了别乱套。

第三章
任性不拘地做梦，胆大心细地折腾

　　无论什么时候，只要你对生活不满意，只要你想换个活法，就尽管去做，不要辜负人生的另一种可能。为了心中梦想拼命折腾的你，不要因为被别人指责任性而中途放弃，要知道，你也是堂堂正正的奋斗者。

不管生得好不好看，都要活得好看

　　周六早上 7 点，苏鹏被一阵急促的电话铃声吵醒。接通了电话之后，他才知道是自己的好朋友吴昊。吴昊没等他说话，就兴奋地说："猜猜我现在在哪儿？"苏鹏无奈地说："我哪里知道！"

　　吴昊大声喊道："告诉你，我现在在华尔街。"这个回答，让苏鹏顿时睡意全无，他想到了自己和吴昊当初的约定。当初两人年轻气盛，约好毕业后要一起到美国华尔街溜达一圈。现在自己每天为一份糊口的工作奔波，朝九晚五，周末还时常睡到自然醒。而吴昊居然真的跑到了华尔街。苏鹏不禁感慨吴昊说到做到的任性。

　　吴昊却说："哪有什么任性不任性？现在出国这么方便，只要你想到什么地方，马上就可以实现了。"苏鹏却摇摇头说："我哪有那个时间和金钱去任性啊！还有我口语不好，恐怕这辈子也无法像你一样任性了。"听了苏鹏的话，吴昊没好气地说："那你就继续在床上做梦吧！"说完就挂了电话。

　　吴昊是苏鹏大学时最好的朋友，新生报到的第一天，两个志趣相投的年轻人就走在了一起。此后，他们一起上课、一起去食堂、一起打篮球、一起憧憬未来。不过，两人也有些不同，吴昊一直都活得很任性，想做什么就做什么，也喜欢折腾，是个目标超级明确的人；苏鹏比较安分踏实，但是却懒懒散散的。

两人喜欢到图书馆看书，苏鹏每次都抱着武侠小说看得津津有味，可吴昊手里拿的却是略显"枯燥"的世界名著，如《雾都孤儿》等，而且是英文版的。每次苏鹏都嘲笑他："这么多英文名著，你看得懂吗？"吴昊则笑着说："现在看不懂，以后就能看懂了。再说不是有词典吗？多看世界名著，对于提高我们的英语成绩有帮助。"

苏鹏觉得吴昊说得有道理，于是也发誓要提高英语成绩。两人制订了学习计划：每天晚上学两个小时英语、读20页世界名著、训练听力半个小时。苏鹏开始还算努力，可没过几天就放弃了。不是因为有事耽搁了，就是犯懒惰的毛病。而吴昊则说到做到。结果，大二下学期时，吴昊就顺利通过了英语四、六级，苏鹏英语却只考了及格分。

临近毕业时，吴昊想要考研，目标是香港中文大学。他邀请苏鹏和自己一起努力，可苏鹏却说："你英语那么好，可以任性地想考哪儿就考哪儿。我英文底子差，还是算了吧！"结果，吴昊如愿地迈进了那所大学，苏鹏却找到了一份普通的工作，每天为了生活奔波。每次打电话的时候，苏鹏都羡慕吴昊，有好的前途，有较高的学历。当他知道香港中文大学想要吴昊留校任教的时候，他羡慕得不得了。谁知，吴昊竟然拒绝了校方的建议，一个人任性地跑到了美国华尔街。这是他怎么都不能理解的，这样的好机会是别人求都求不来的，为什么吴昊会任性地放弃呢？他所不知道的是，吴昊还怀着当初的梦想，想要在华尔街闯一闯。

在华尔街的那段日子，吴昊四处应聘求职，因为专业能力强、英文底子好，有好几家不错的公司都向他抛出了"橄榄枝"。但是，吴昊却任性地左挑右选，最终选了一个适合自己且有前景的工作，而后不过几年，他就成为了呼风唤雨、坐拥豪车的上流人士。此时，苏鹏依然过着平庸的生活，每天朝九晚五，虽然忙碌，却没有激情和目标。

苏鹏和吴昊当时在同一起跑线上，可此时他们的人生却有天壤之别。苏鹏的人生似乎总是在糊弄，而吴昊的人生却总在朝着既定的方向不停地迈步。苏鹏羡慕吴昊活得任性，可转念想想：人家这些任性的资本，不也是辛苦换来的吗？在梦想面前，自己拖拖拉拉，甘愿放弃，对方却选择了勇往直前。

我们总会羡慕活得任性的人，他们可以不顾牵绊，去过自己想要的生活。羡慕，是因为任性地活着并不是一件容易的事情，至少对于大多数平常人来说，我们并不能率性而为，因为需要考虑的东西和牵制我们的东西太多了，比如我们必定要受到生计、家庭的各种牵绊，须承担起各种责任等。

但是生命只有一次，不可重来，如果你想过自己想要的生活，就应该任性一点，趁着有大把时光，想做什么就做什么、想梦什么就梦什么，到心里那个魂牵梦绕的地方看一看，经历一次因为努力而实现梦想的时刻。"不管生得好不好看，都要活得好看"，这是一句强而有力的任性宣言。

一个人的选择以及生活方式，决定了你将来会成为一个什么样的人。所以无论前方的路有多长，路途有多少危险，选择了就该任性地走下去，哪怕到最后，梦想只是一个梦想，至少能够坦然地说："我努力过。"就像一首歌里唱的那样："生命的意义在于活得充实，而不在于活得长久。"

别让你的梦想配不上你的任性

　　苏萍是一个任性的小姑娘，大学毕业仅仅一年就换了四五份工作。这不，这份干才工作了两个月，她又要离职了。别人不理解她为什么不能踏实地工作，总是频繁地跳槽。她却气愤地说："我也不愿意一直跳槽啊！可是我一直找不到适合自己的工作，遇不到赏识自己的伯乐。老板不是太苛刻，就是不能欣赏我的能力，难道我应该委屈自己吗？"

　　当有人问她到底想要什么样的工作时，她却给出了这样的答案："工作不能太累、不能每天加班；环境要好，最好是高档写字楼；薪水要高，福利要好，最好还可以经常出去旅游，每年可以到国外度假之类的。总之，可以让我活得任性一点，想做什么就做什么……"

　　和苏萍有同样想法的年轻人，在现实中并不少见，他们总希望不受束缚，想做什么就做什么。但是，任性并非随心所欲，你得先有任性的资本才行。要得到你想要的某东西，最可靠的办法是让你自己配得上它。这是一个十分简单的道理，毕竟做任何事情要想取得成功，并不是一蹴而就的，必须付出辛勤的努力。等着天上掉馅饼，企图不劳而获，只是痴心妄想罢了。

　　常常听到一些人这样的抱怨：我很想过上什么都不用操心的富二代生活，那样我就可以任性地做自己想做的事，实现自己的诸多理想和抱负，可是我的家境不好；我梦想着可以任性地挑选自己喜欢的工作，却始终遇不到自己的伯乐，找不到一份好工作，所以只能勉勉强强地生活下去……

　　你的梦想为什么迟迟不能实现？说到原因，太多的人总是抱怨环境，抱怨命运没有给予自己任性的资本，却忘记了，真正决定我们生活的，并不是环境或命运，而是我们自己。虽然我们无法选择自己的出身、父母和家庭，但是，我们绝对有办法选择自己后半生要走的路、生活环境和生活方式。

　　李琳是一位自由撰稿人，每天不用朝九晚五上下班，只是定期给一些杂志、媒体写文章，而且每月的薪水很可观。更令人艳羡的是，她的生活十分任性，心情好了就努力地工作，多写几篇文章。心情不好了就选择罢工，找朋友们吃饭、喝茶、聊天，每年还会出国旅游一两次，遍赏人间美景，饱尝珍馐美味……这一切令周围的人羡慕不已，都说李琳实在是一个好命的女人。但李琳知道并不是自己命好，而是自己有任性的资本。

　　李琳从小就想成为一名作家，因此从初中开始就坚持阅读、写作。而且每天都坚持，包括世界名著、著名作家的作品。开始的时候，尝试着在日记本上写自己难忘的事情、写自己的心情、写对于某些事情的看法，后来空间、博客流行之后，她又在自己的空间、博客上写。虽然当时她的文笔太稚嫩，思想也比较单纯，但对于写作的热情却越来越浓厚。后来，她考入了一所大学的文学系，继续着自己作家梦。大学生活让她增长了阅历，也拓展了她的知识面，她接触文学的东西越来越多。

本来她想要找一份出版社的工作，可当时哪个出版社会签一个刚毕业的小姑娘？于是她不得不选择了一家图书公司，从一名小编辑开始做起。当时，她很浮躁，总想着在公司出版书籍的扉页上印上自己的名字。

有一次，顶头上司交给李琳一份稿子，让她帮着审核一下。李琳觉得自己文学素养不低，审稿子还不简单。结果，审核后的稿子居然出现了好几处语句不通的地方，被出版社的编辑挑了出来，李琳也因此受到了公司领导严厉的批评。也就是从那时起，李琳才意识到，自己的能力还是不够，离自己的梦想还有很远。一个人要想随心所欲地任性做事，必须得先有资本才行，否则只能跌跌撞撞。她下定决心，要先做一名出色的编辑。

而想要做好编辑工作，不仅要和作者沟通好，还要涉猎方方面面的知识。所以，李琳在工作之余不断在提升自己，阅读国内外的名著，记载和摘抄下那些比较有价值的语句，有时还会记录生活中的一些体会和感想。她明白，只有积累够多了，自己才能成为出色的编辑，才能写下出色的东西。那段时间，李琳每天都辛苦地学习，从没有半夜三点之前睡过觉。渐渐地，她空间和博客上的文章越来越有深度、有想法了，文笔也比之前出色了很多。

当越来越多的报纸、出版社向她约稿的时候，她就任性地辞掉了工作，成为了一名令人羡慕的自由撰稿人，而且是一名出色的撰稿人。

每个人都不甘于自身的平庸，也都羡慕别人的好命，但我们在看到别人可以任性的生活的同时，也要看到别人背后付出的努力才行。你之所以郁郁不得志、之所以平庸无奇，一定是因为你的梦想还配不上你的任性、你的能力还驾驭不了你的目标。

　　所以，如果你有太多的不甘心、如果你想活得任性一点，现在需要做的就是化不甘心为动力，静下心来，踏踏实实地多学习，多历练，去付出更多的努力和汗水。你要坚信你的努力不会辜负你，那些流过的泪水、那些滴下的汗水，全都会变成你任性的资本，让你过上理想中的生活。

任性地做梦，只要不是白日梦

许柠是一个长相普通，身材平平的女人，但她一直任性地做着各种梦。上学时，她梦想自己拥有青春美丽的笑容，能够受到别人的喜欢；工作时，她梦想自己工作能力出众，能够升职加薪；恋爱时，她想象有全世界最漂亮的婚纱，是人人羡慕的漂亮新娘；结婚以后，虽然生活中有很多琐碎的事情，但是许柠依然不肯放弃梦想，她向往节假日和丈夫一起去旅行，向往生一个健康漂亮的小宝宝……

在过去十几年间，许柠就像拿着一支画笔，不断勾勒着生活的轮廓，并慢慢接近梦想中的样子。梦想陶冶了许柠，培养了她的气质和修养，让她对人生充满了希望。

在毕业之后的一次大学同学聚会上，依然年轻漂亮的许柠让同学们眼前一亮，尤其是一些女同学纷纷向她讨教年轻的秘诀。许柠没有回答，而是反问道："你们的梦想是什么？"听到这个问题，几位女同学无奈地说："我们现在只希望日子过得越来越好，哪还有什么梦想。"

许柠笑着说："这就是你们的不幸之所在，因为生命里的一件宝贵的东西——梦想，已经被磨平了、消耗了。"

许柠一直都在任性地"做梦"，不肯放弃自己的梦想，所以她拥有了比别人更有价值的东西。

小时候几乎所有人都有过梦想，而且儿时的梦想总是千姿百态、随心所欲。但是随着年岁的增长、社会竞争的加剧，琐事占据了大部分时间，许多人谈及梦想，大抵是没有表情地笑笑："梦想？没空梦！"也有人会嘲笑说梦想不过是小孩子的任性，还有人无奈地摇摇头说没有做梦的资本。

我们为什么时常感慨没有精神、身心疲惫不堪？生活像一潭死水，无聊枯燥，看不到希望地循环往复！原因就在于不能任性地做梦。

的确，生活中不能没有努力、不能没有创造、不能没有尝试、不能没有愿望，但最不能没有的是什么呢？是梦想！人不能完全为了柴米油盐而生活，也不能为了功名利禄而奔波。人活着，就要像跳龙门的大红鲤鱼一样——为梦想而活。人，应该任性地做梦，只要不是白日梦，梦什么都是好的。

为什么梦想如此重要？这是因为，梦想是我们对美好事物的一种憧憬和渴望，使我们内心对人生、对自己的一种希望，任何东西也取代不了梦想在精神世界中所占据的分量，取代不了它带来的精神愉悦。因为梦想，我们才有了希望、才有了激发潜能的可能。让我们的情感和思想变得坚定、变得牢固。梦想最大的意义是给予人们一个方向、一个大目标，是生活中前进的动力。

当今社会充满竞争，没有梦想，或来不及更新梦想的人，都是有可能被日新月异的社会淘汰的。在一定程度上，这个社会也是梦想较量的社会，谁拥有更远大的梦想，就等于站在了更高的起点。一个真正善待自己的人，无论生活多么烦琐、处境多么艰辛，都会任性地做梦，并善待自己的梦想。

她出身贫寒，小小年纪就辍学了，但却喜欢做梦。小时候，她在纽约第五大道的一家女服裁缝店打杂。这是一家很高档的裁缝店，出入的客人都是美国上流社会的贵妇、小姐们，她们一个个穿着讲究、端庄大方、高贵典雅……这给了她很大的震撼：这才是女人应该有的样子。尽管现在她只是很贫穷的女孩，但是她却任性地做着一个梦：我要成为她们中的一员，过那样的生活。

接下来，虽然她经济拮据，只能穿粗布衣裳，但她任性地假装自己已经是身穿漂亮衣服的夫人，每天开始工作之前她要对着店里的试衣镜，很温柔、很自信地微笑，每次接待顾客都彬彬有礼，结果她的表现深受那些女士们的喜爱。很多顾客都在裁缝店老板面前说："这位小姑娘是店中最有气质、最有头脑的女孩子！"

她并不想一直做一名地位卑微的打杂女工，于是她把目光转向了裁缝店老板身上。老板与那些女顾客们一样，是一位穿着讲究、端庄大方的夫人，不同的是她聪明能干、处事周全。她非常敬佩自己的老板，于是，她任性地把自己想象成自己的老板，像她一样待人接物时表现得落落大方、彬彬有礼，工作积极投入，尽心尽责，仿佛这裁缝店就是自己的。

这些都被老板看在眼里，认为她是一个有能力、有梦想的女孩，于是便把裁缝店交给她管理了。渐渐地，她成了著名服装设计师，并且创造出了一个响亮的品牌。她就是"安妮特夫人"，创造的品牌就是——"安妮特"。

安妮特的成功得益于多个方面，但首要的也是最重要的一点，就是任性地做梦。她创造或模拟每一个她想要获得的经历，最后真的成为了自己想成为的那种人。

你是终身做默默无闻的平凡人，还是要成为万众瞩目的成功者，这之间的差异就在于你能否任性地做梦，这很小的差异往往会带来巨大的不同。

梦想常与个人喜好和憧憬有关，比如插花、养鱼、给木偶设计服装、雕刻、写作，等等。也常与个人的事业及责任有关，不管你是惬意地在自己的小小世界里写美好的童话故事，还是在熟悉的领域放射着一束耀眼的光辉，任性一点，勇敢做梦，并付诸实际行动，梦想都会给你带来丰厚的回报。

"野心"还是要有的，万一实现了呢

1949年的一天，一位年轻人来到美国通用汽车公司应聘。这是一个仅有24岁的年轻人，面试官直接拒绝了他，因为公司只有一个空缺的职位，竞争也很激烈。他只是一个新手，很难胜任这个职位。

年轻人却非常任性地回答："不管工作多么复杂或棘手，我都可以胜任。说实话，我将来是要成为通用汽车公司的董事长的。不信的话，你等着看吧。"

"什么？你想当通用汽车公司的董事长？"面试官感到非常惊讶，心想，这个年轻人太自不量力了，我在这家公司待了好几年，也不曾有过这么大的野心。这时候，这个年轻人说："只要您给我试用机会，我就一定能证明自己。"面试官觉得这个年轻人野心大、太任性，根本不适合通用公司，但是转念一想，如果他只是吹牛的话，就当给他一个教训。

这个年轻人被录用了。自从他进入通用公司后，就积极努力地工作，不怕苦、不怕累。人们发现他并没有吹牛，的确表现出了不可思议的能力。领导交给他一项任务：对国外子公司情况进行评估。他提供的报告长达100多页，条理清晰、资料翔实，比他的上司做得都好。接下来，他被正式聘用了，之后他更加卖力地工作。32年之后，这个名叫罗杰·史密斯的年轻人真成为了通用公司的董事长。

在很多人看来，罗杰·史密斯年轻时说的那番话，简直就是目中无人，任性到不知天高地厚的地步。一个刚刚来面试的人，竟然宣称要做公司的董事长，这怎么可能？可事实上呢？罗杰·史密斯真的做到了。因为他从内心深处就不甘于平庸，他有自己的人生规划，有一颗蠢蠢欲动的野心。

野心的力量为什么这么神奇？很简单，野心看似是一种任性，但却可以强化信心。当一个人有野心时，就可以让他对自我未来的目标产生坚定感，就算周围的环境与他们的意志相悖，他们也不会动摇，坚信自己的欲望会实现，进而激发内心的无限潜能，产生坚决而有力的行动，命运随之发生变化。

在实际生活中，不乏一些对工作认真负责，在岗位上几十年如一日辛苦劳作的人，他们的人生似乎并未有多大的成就，很多还沦为不起眼的人。为什么？正是因为他们不够任性，没有野心，只要拥有一点成就，便觉得心满意足，如此就激发不出强大的潜能，这样的人只会屈于人后，又有什么出息？

野心，这个词语听起来不太入耳，可如果没有野心的话，你就会一直平庸下去。所以，那些任性的人都会保持一颗旺盛的野心。他们的目标很远大，成功的欲望十分强烈，知道自己想要干什么：不管发生什么事，都会任性地去征服目标；不管取得了多大的成就，还是要攀登更高的山峰。

华人首富李嘉诚就是一个拥有雄心壮志并且身体力行的人。

早在孩童时期，李嘉诚就被父辈们灌输这样一种观点——"宁可睡地板，也要做老板"，即使一开始只是小小的打工仔，也要抱着当老板的野心。

14岁时，由于家庭贫困，李嘉诚不得不中途辍学，在一家茶楼当跑堂。他每天凌晨5时左右就必须来到茶楼，提前为客人们准备茶水、茶点。为了最先赶到茶楼，李嘉诚每天都把闹钟调快10分钟。虽然工作异常辛苦，但是他却没有放弃学习。每天晚上，其他跑堂的小伙计早已睡去，李嘉诚却不敢有丝毫懈怠，依然在挑灯夜读。有人对他的行为不理解，李嘉诚却说："其实年轻时我很骄傲，因为我知道，我跟普通的堂倌不一样！"

好一句"我跟他们不一样"，只有具备这样的自信和野心的人，才能够缔造15年蝉联华人首富宝座的传奇。

这个世界总有这么一小撮人，打开报纸是他们的消息、打开电视是他们的消息、街头巷尾议论的是他们，仿佛世界是为他们准备的，他们任性到无所不能，可以对这个世界呼风唤雨，如李嘉诚、马云、比尔·盖茨等，你的目标应该是努力成为这一小撮人。"野心"还是要有的，万一实现了呢？

路是自己走出来的，你不敢迈步能怪谁

一个女人整天对生活抱怨连连，某天她有幸遇到了一位天使，于是请求天使能让自己的人生转运。天使念在女人平时为人和善，便有心援手，对女人说："很快，你将有机会得到大量的财富，嫁给一个如意郎君。"可直到生命结束，女人也未曾获得大量财富，甚至一辈子未曾嫁人，在穷困与孤独中度过了一生。

死后，女人心里满是哀怨和愤怒。期间，她有幸再次遇到了那个天使。她质问天使，语气中夹杂着埋怨："你说话不算数，我等了一辈子，什么也没得到。"

"不是我说话不算数，"天使回答，"你让这些机会从你身边溜走了，我也无能为力。"

接着，天使解释道："曾有一次，我给了你一次发财的机会，可惜你认为那个行业发不了财，是你自己放弃了。我还特意安排了一个年轻有为的男士，可他进入你的生活时，你虽然非常强烈地被他吸引，却认定他不可能喜欢你，也不可能会跟你结婚。因为自卑，你放弃了他，也错过了一段美好姻缘。"

听完天使的话，女人顿时号啕大哭。一直以来，她都认为是天使欺骗了自己，生活亏欠了自己，直到此刻她才知道，路是自己走出来的，怨不得任何人。

生活，不会是一番坦途，但亦不会是绝境；它不会亏欠任何人，但会略偏爱那些有心的人。路是自己走出来的，你不敢迈步能怪谁。一个人要想任性而活，就只有主动出击，才能使自己脱颖而出，获得意想不到的成绩。往往令人们感到悔恨不已的，不是做过的事，而是那些从未做过的事。

所以，无论什么时候，只要你对生活不满意、只要你想换个满意的活法，就尽管任性地去做，不要辜负人生的另一种可能。

高阳曾是身无分文的农村姑娘，为了生计，她二十刚出头就任性地告别了家人，来到一位教授家做保姆。偶然的一天，女主人让高阳陪着自己去参加一个楼盘的开盘活动。当时，售楼处挤满了人，售楼小姐带大家参观样板房时，不知道是谁撞翻了客厅墙角的花盆架，不偏不倚正好砸在电视机上，一下子把屏幕砸碎了。看房的人们面面相觑，纷纷推卸责任，都说不知道是怎么回事。

望着狼藉一片的场景，售楼小姐急得快哭了。看着这个和自己年龄相仿的女孩哭得如此伤心，高阳很是同情，不自觉地想到如果是自己遇到这样的问题，究竟该怎么办？后来的一天，高阳正在帮着家里的小主人收拾玩具，竟突发奇想：能不能像玩具模型那样，用一种塑料的仿真家电来代替实物呢？这样的话，开发商不仅可以降低成本，挪动起来还很方便，且不怕摔、不怕碰。

当高阳把自己的想法告诉教授时，教授居然非常赞同高阳的想法，还表示愿意为高阳投资。"我只是一个小保姆，能做成这样的事吗？"欣喜若狂的同时，高阳心里也有些许顾虑，就把自己的心思怯怯地说给教授。教授非常平静，诚恳地对高阳说了一句让她没齿难忘的话："这个世界上，没有谁生来平庸。"

在教授的倾力支持下，高阳开始着手联系生产厂家，拿着自己的产品的照片到各个楼盘去做推销，还热情地带领房地产公司的负责人来参观自己设计的家电模型。因为一套家电模型的成本不及实物成本的十分之一，且比实物看起来更美观耐用，高阳的产品备受客户的青睐，首批生产的几十套产品很快就销售一空了。

初次尝试就取得了成功，这给了高阳莫大的信心。之后，大到沙发、衣柜、书柜、电脑桌，小到厨具、餐具、摆设，高阳的模型公司都开始进行生产。有一段时间，产品竟然出现了供不应求的局面。不到一年，高阳的公司就迅速发展起来了，积聚起上百万的资产，人生实现了大的超越。

当年那个怯怯的农村小姑娘，而今已是腰缠万贯的成功女性了。有人说，高阳运气实在是太好了，做保姆时遇到了好的雇主。可见证了那段历程的人知道，高阳的今天，绝非全都仰仗运气的青睐，更多的是高阳自身的努力。高阳任性地要改变自己的命运，敢于为了心中梦想拼命折腾，高阳是堂堂正正的奋斗者。

这个世界不是有权人的世界，也不是有钱人的世界，而是有心人的世界。

即便是统治地狱，也比在天堂打杂强

他是一位文科高考状元，北大毕业的天之骄子。亲戚朋友们觉得他将来一定是大有前途的，做出不同寻常的事业。但大学毕业后，他却任性地一个人跑回了老家。

老家没有最前沿的科技、没有国际化的同事，只有落后和贫穷。许多人不理解他的行为，觉得他是不是疯了。但他认为北京高消费、高房价，再怎么拼搏也难以混出一片天地，不如回家早早创业。回家后他也迷茫过、消沉过，但他没有堕落、没有放弃自己。他任性地操起了一把杀猪刀，开始了杀猪剁肉的买卖，并很快成为了一名农贸市场的小贩。

北大高才生，回家卖猪肉，这是很多人不能理解的。但是他却任性地说，他要把卖猪肉这件事坚持做到"北大水准"，争取卖国内第一流的猪肉。为此，他开始自己养猪，别以为他和普通农民一样，其实他有很多独特的想法。他养的猪除了品种土，还能自由活动，猪场里还设有音响，专门给猪听音乐，因为他说猪和人一样，只有心情愉悦，才会长得又肥又壮。就这样，他的"壹号土猪"在国内成为响亮的土猪肉第一品牌。

后来凭着多年的经验，他又任性地提出要办一所学校——培训职业屠夫的学校。之后，他找人、找投资、找场地……经过一番曲折的努力，终于和朋友合伙开办了学校，每年都有大量的学生前来接受培训。他还自己编写讲义《猪肉营销学》并亲自授课，填补了屠夫专业学校和专业教材的空白。

如今，任性的他早已名利双收，闻名国内，他就是陆步轩。

每逢毕业季不少学生就会陷入迷茫，面对多家公司常常举棋不定，不知该如何选择。情况大抵如此：有些公司名气颇大，效益也不错，但入职后需从最底层做起，收入也并不理想；另一些公司则恰恰相反，起步不晚、规模不大，为了引进新人，薪资待遇和岗位都比之前的大公司提高了一个档次。

到底是去大公司从底层做起？还是去小公司从中层干起？这既是人生价值观的选择，又是对人生态度的讨论。仁者见仁，智者见智。不过对于任性的人而言，他们的选择往往是——哪怕统治地狱，也比在天堂打杂强。意思是说，宁愿在小圈子里做领头人，也不做大圈子里默默无闻的追随者。

因为老跟在别人身后，踩着别人的脚印前进，那么不管你有多高的能耐，多宏伟的理想，往往也举步维艰，更不可能拥有任性的资本。

2008 年，美国第四大投资银行——雷曼兄弟由于投资失利，在谈判收购失败后宣布申请破产保护，平安保险公司也因此直接损失 157 亿美元。在这之前，其实平安保险的一名员工已经预料到了这次风险，不过他只是一个普通的部门经理，在总公司没有多少话语权，虽然他当众提出了自己的看法，但最终没有人重视。在一个公司，就连一个部门经理的意见都不被重视，如果你只是一个无足轻重、可有可无的人，你的提议又有谁会在意？在如此环境下，你能任性地施展抱负？

在这个多变的环境中，不跟随别人的脚步，任性地走在最前方，这样世界才不会丢下你！走在最前面的那些人，很少会出现行业中的追随者、效仿者能够超过前者的利润的奇迹。正因为如此，第一批卖电脑的人、第一批卖 VCD 的人、第一批卖手机的人、第一批卖饮水机的人都赚得盆满钵满……

要做到这些，我们就得拿出第一个吃螃蟹者的勇气。我们形容一个人勇敢、有冒险精神、有创新精神时，经常说他是第一个吃螃蟹的人。螃蟹形状可怕、丑陋凶狠，第一个吃螃蟹的人确实需要任性的勇气。面对大家都陌生的事物，在没有人敢于一尝之前，你任性地去尝试，你就有可能占得先机。

1995 年马云去了一趟美国，回来后就任性地要做一个叫作"因特耐特（internet）"的东西，那时候中国人对"因特耐特"几乎一无所知。马云几乎被亲戚、朋友们视为疯子。"这玩意太邪，政府还没开始操作的东西，不是我们干的。"但马云却任性地坚持要做下去，他说过这样一句话："正因为大家都没有杀过来，这个领域才有值得发展的价值。"

1999 年阿里巴巴网络技术有限公司在杭州成立，那个年代没有人知道 B2B 电子商务这个东西，也没有人想到在家里就能逛商场、逛超市，动动手指就能买到想买的东西。结果，今天人人都知道网购，网络购物已经成为一种趋势，并且有超越线下购物的可能。马云作为第一个吃"螃蟹"的人，和他的团队不光吃上了鲜美的蟹肉，并且时常换着花样吃。

瞧，在某一领域做到第一，你就是有资本任性的人。

生命在于内心的丰富，而不在于外在的拥有

茱莉·贝克，从十几岁开始，就有了超脱的自省意识，会审视自己喜欢的人究竟值不值得爱。一旦触及她的自尊，便会任性地立即放手。这一切，源自她的成长环境。

茱莉有一个特殊的家庭，在别人眼里，她和她的家人简直就是异类。父亲有一个因为出生时被脐带勒着，导致脑瘫的弟弟，可他们一家人从来没有嫌弃过他，即便自己的生活非常贫穷，也要全力地照顾他，并且为他支付高昂的私人疗养费用。

父亲是一个业余画家，母亲善解人意，两个哥哥酷爱音乐。他们过着贫穷、简单却快乐的生活，有一辆破旧的皮卡车，庭院里长满了杂草，屋后还养着小鸡……与周围那些漂亮的花园洋房相比，这里确实太糟糕了。但是，茱莉从未因此觉得自卑。因为她是幸福的，家里有欢笑、有关爱、有理解、有尊重。

茱莉和其他的女孩子不一样，她喜欢安静，也很任性，她不喜欢衣服、头饰，也不喜欢矫揉造作地装可爱或撒娇，她喜欢的是家附近的那

棵高大的梧桐树，并时常会爬到树上坐着。因为在树上眺望远方，她可以看到世界上最美好的风景。可是那一天，梧桐树却被砍倒了，为了它，她伤心了很长时间。因为那棵树对她来说，象征着美，象征着全世界。父亲为了安慰茉莉，给她画了一幅美丽的画，让那棵梧桐树永远成为定格的回忆，并让茉莉永远记住那段快乐的时光。

茉莉的家，虽然不富裕，但是她却有一颗自由而丰富的心。他们的生活里永远都有一股温情、一股美好。这胜过世间所有奢华的物质。她的家永远充满欢笑，这胜过所有富丽堂皇的城堡与宫殿。

一路之隔，住着一个年轻人，他叫布莱斯。布莱斯的父亲是一个冷漠无情、近乎迂腐的人。这个家里的氛围永远是死气沉沉的。他总在不停地讽刺和鄙视茉莉的庭院和他们全家的生活，在他光鲜的外表下，仿佛有什么东西在腐烂。可是布莱斯却说："父亲其实只是看不起自己而已。他努力地挑剔别人，只不过是在掩饰内在那个懦弱无能的自己。"

布莱斯开始并不喜欢茉莉，因为他觉得这个女孩太奇怪，初次见面就紧紧地拉住了他的手，吓得他只能往母亲的背后躲。后来，他们成了同学，茉莉对他非常热情，以至于遭到了同学们的嘲笑。为了摆脱茉莉，他故意接近一个叫雪莉的女孩，尽管她虚有外表、没有内涵。

布莱斯的家里，还住着外公，但是他极少与家人沟通。很多时候，他都是一个人在读书看报。突然有一天，布莱斯的外公让他看一则新闻：茉莉誓死捍卫那棵梧桐树，不肯让工人们动自己心爱的树。

布莱斯看完报道后一脸不屑，没想到，外公却对他说："有些人浅薄，有些人金玉其外而败絮其中。有一天，你会遇到一个彩虹般绚丽的人，当你遇到这个人后，会觉得其他人只是过眼云烟。"

外公的态度让布莱斯很意外，更让他意外的是，某天回家时，他看到外公竟然帮助茱莉整理她家的庭院，两个人还有说有笑的。也许，布莱斯是真的嫉妒了，因为外公从来没有和自己说笑过，也没有和自己友好地相处过。他质问外公，为什么要帮茱莉整理庭院。外公却对他说："茱莉很像你外婆，她们都有一双善于发现美好的眼睛，一颗纯净善良的心。"

在外公的引导下，布莱斯尝试着摒弃偏见，试着去了解这个姑娘。结果，布莱斯竟然对茱莉怦然心动了。他意识到，这个女孩是与众不同的：她热爱生活，个性独立，活得丰富而有尊严。直到这时，他才深深体会到了外公所说的那番话。

这个故事来自《怦然心动》，一部温馨的美国青春电影。一对年少的男孩女孩、一棵美丽的梧桐树、一段简简单单的故事，讲得荡气回肠，令人回味无穷。除了讲述美好纯真的感情之外，它也淋漓尽致地展现了不同人的内心世界。

为什么平凡的茱莉·贝克能获得布莱斯及其家人的喜爱？很明显，不在于她拥有多么漂亮的外貌、多么富有的家庭，而在于她有一颗丰盛的内心，任性不拘地做梦。

生命在于内心的丰富，而不在于外在的拥有。所以，那些任性的人会更关注内心的世界。那些金玉其外而败絮其中的人，经不住时间的考量，亦经不起岁月的沉淀；唯有内心熠熠生辉的人，才能让生命散发出别样的光彩。但愿，在有生之年，你也可以成为一个如彩虹般绚丽的人。

无所畏惧，这是你顶天立地的资本

李开复刚加入微软时，在工作中跟同事沟通很顺畅，可到了比尔·盖茨跟前就不敢讲话了，生怕自己说错什么，结果是他一直默默无闻。后来，公司要进行改组，比尔·盖茨召集了十几个人开会，要求每个人轮流发言。李开复当时在想，既然一定要说，那干脆就任性一点，把心里的话全讲出来。于是，他鼓足了勇气，说道："在我们这家公司里，员工的智商比谁都高，但我们的效率比谁都差，因为我们整天改组，完全不顾及员工的感受和想法。在别的公司，员工的智商是相加的关系，可当我们终日陷在改组'斗争'里的时候，我们员工的智商其实是相减的关系……"

话音一落，整个会议室里一片寂静。会后，不少同事发邮件给李开复："你说得真好，真希望我也有你这样的胆量。"李开复以为自己会为这样的任性付出代价，比如被批评、被开除等等。结果，比尔·盖茨不仅接受了他的建议，改变了公司这次的改组方案，并在和公司的副总裁开会时引用了他的原话。自那以后，李开复再也不惧怕在任何人面前发言了，最终他坐到了微软全球副总裁的位置上。

我们常说"是金子总会发光的",但有些人明知道自己有能力,在某一方面可以做得很好,却不敢也不愿在人前展现自己,总是在机会面前畏畏缩缩,不敢任性。这样一来,即便你身怀绝技,他人也无法了解你、无法注意到你,如此再强的能力也毫无用处、再好的机会也不会落到你头上。

在某一网站上,曾看到过这样一段话:

乞丐不好意思要饭,结果饿死了!

商户不好意思要账,结果自己店门关了!

不好意思向心仪的人表白,结果她跟别人走了;

不好意思让客户签单,结果客户在别人那里成交了;

……

现在已经不是"酒香不怕巷子深"的时代了,一个人只有主动地出击,任性地表现,才会有人搭理你、才会有更多机会。试想,演讲者在一场演讲会上发名片时,谁最有可能得到?一定是那些主动索要名片的人;在一场集体面试会上,谁能首先获得面试的机会?同样是那些跃跃欲试表现自己的人。

阿 C 是所在保险公司的销售冠军,一度曾创下半月连出 10 单的辉煌业绩。当别人问及 C 是如何成功销售保险的时候,他说这在于自己无所畏惧的任性,并解释说这完全得益于自己在大学的时自己和全校几乎所有的美女都约会过。

人们很纳闷:"这跟保险有什么关系?"

阿 C 回答说:"很有关系,因为这些所谓的校园美女,大部分的男士都不敢主动追求她们,都怕被拒绝、都不好意思。但是我足够任性,只要遇到喜欢的人,我就敢去追求。这些美女看似高冷,但哪个女人不喜欢被追求的感觉呢？所以，我会多打电话，嘘寒问暖，这样勇敢的任性，更容易让她们看到我的真心，还是很受用的，最起码让她们知道了有我这么一个人，慢慢也就了解了。"

阿C笑了笑，继续说道："正因为我跟学校大多数的美女都约过会，所以当从事保险业的时候，我就想，这些成功的人士，大家一定都不敢去拜访，或者认为他们已经买了保单，不好意思再去打扰他们了。所以，我干脆就任性一点，不管对方是多大的腕儿、不管对方之前是否投保，只要是我的目标客户，那就一个个地前去拜访，哪怕被拒也无所谓。当我把自己推出去时，也就有更多的人知道了我是干什么的，这样当他们想投保的时候，自然就会想到我了，我的业绩也就提上去了。"

任性就是这的无所畏惧，你可以主动出击，不怕折腾，这正是一个人顶天立地的资本。不过，这里有几个前提——第一，你必须有实力；第二，你必须证明你有实力；第三，你必须让别人明白，你有勇气和决心在必要时使用你的实力。三者缺一不可，否则都会令任性的资本大打折扣。

掌控风险，然后任性地冒险

年轻时，李嘉诚需要打工养活家人，虽然每天的工作并不轻松，但是他却从来没有懈怠过。平时工友们都会利用空闲时间玩乐，可李嘉诚总是抓紧时间学习，因为他发誓不会让自己永远做个打工仔。

1950年，22岁的李嘉诚任性地选择辞工，决定要创业。创业并不是一件容易的事，需要充裕的资金，而且面临各种风险，许多人都劝李嘉诚不要冒险、不要任性，但李嘉诚却说："商人既要有成功的欲望，又要敢于冒险。"之后，他拿出了全部的积蓄，这些钱都是他平时省吃俭用积攒下来的，又四处向亲戚朋友借钱，创办起了长江塑胶厂，从此，香江两岸的每条街巷，都会看到李嘉诚挨家挨户推销塑料花的身影。

20世纪50年代，欧美兴起塑料花热，一家销售网遍布美国、加拿大，北美最大的生活用品贸易公司有意到香港实地考察。李嘉诚得知这一消息后，立即做了一个冒险的决定：一周之内，扩大塑胶厂的生产规模，而且要做到令外商满意的程度！在很多人看来，这个决定是非常任性而又冒险的，因为外商不一定会选定他作为合作伙伴。商人还没有来，生意人的面尚未见着，就下这么大的血本。如果生意谈不成，岂不是鸡飞蛋打？这太冒险、太任性了！

可是，李嘉诚还是这样做了，他将旧厂房退租，新租了一套占地约1万平方英尺的标准厂房，斥巨资购置了新设备，安装调试设备，新聘工人并且培训上岗……为了筹集资金，他任性地把自己多年辛辛苦苦营建的工业大厦都抵押了出去。

因为李嘉诚知道，将塑胶花生产规模扩大是吸引住这位大客商最大的引力所在，如果不冒冒险，那么就等于将机会让给了别人。结果，那家外商参观了李嘉诚的新厂后，当即签了合作合同，还称赞李嘉诚的工厂可以与欧美的同类厂相媲美。这次冒险的任性，令李嘉诚获得加拿大帝国商业银行的信任，并在日后发展成为了合作伙伴关系，进而为进军海外架起了一座桥梁，最终他成为了全球华人首富。

每个人一生都会遇到很多选择，学业、爱情、工作、创业等，每一样都是风险与机遇并存。不敢冒险的人，即使机会就摆在面前，即使伸手抓住机会就成功了，可他还是会失败，因为他始终不敢伸出那双手。在需要冒险的那一刻，不敢任性一搏，也因此失去了一次次成功的机会。

醒醒吧，不敢冒险就是最大的失败！

每个人都渴望成功，可成功是什么？成功就是人生路上的美丽花朵，它通常不会长在路边，而往往开在长满荆棘的深谷里，只有敢于冒险的人才能摘得到。

我们常说的一句俗语：撑死胆大的，饿死胆小的。话虽粗俗，但道理却是千真万确的。如今的社会处处存在机遇，同时也存在众多风险，我们只有任性地用勇气代替懦弱和恐惧，用主动替换等待和退缩，敢于冒风险、乐于冒风险，才有可能抓住珍贵的机遇，从而让人生境遇发生实实在在的改变。

不过要记住，冒险是为了更好的未来，冒险本身并不是孤注一掷，更不是赌"运气"，而是依靠理智而行。你只有先掌控了风险，才能任性地冒险。任何时候，你都要保持清醒的头脑和机变的行为。

第四章
傲娇气扬的背后，都是顶礼膜拜的实力

　　能够鲜衣怒马的人，都是有实力的，他们喜欢用自己的实力来证明一切——他们的任性并不是自以为是。任性的前提是要有本事，有本事你才能活得随心所欲、游刃有余，而不是把任性当成一种个性，恣意妄为。你要让世界知道，你能够这么任性，因为你有足够的实力。

别眼红别人的风光，有本事闯出自己的辉煌

出生于美国加州某小镇的安尔莎，在当地的一家小型图书馆工作。她的工作非常简单，每天就是整理书籍，负责读者的借阅，有时候还要修补坏了的图书。由于图书馆规模较小，利润也不太高，所以她的薪水并不高，却非常稳定。

这里的工作非常轻松，所以大部分职员每天都懒洋洋的。可是当看到馆长经常有机会参加一些行业内的活动，还能借此机会外出旅行时，员工们就产生了嫉妒和羡慕的情绪。越是如此，员工们就越不愿意工作、就越懒散，他们时常抱怨："馆长什么都不做就有高薪，为什么我们要累死累的工作？"

但是安尔莎却从不说这样的话，因为她不认为这样的抱怨能够改变自己的境遇，而且在她看来，馆长之所以能任性的生活，完全是因为他具备更强的能力。所以她时常对自己说："你不是不服气吗？你就努力去做，表现出自己的能力来。你嫉妒别人，说明你能力不够。你觉得自己受到了不公的待遇，其实并不是社会不公，而是你真的不行，或是根

本就没有努力过，如果你眼红别人的风光，就应该加倍的努力，证明给自己看。"

就这样，安尔莎更加勤勉的工作，不断地提高自己的能力。没几年她就因为能力出众、认真负责被提拔为了副馆长，馆长每次外出都带着她，有什么重要的事都交给她，她成了和馆长一样"任性的人"，同事们嫉妒的第二号人物。这时，她对自己说："现在，我和馆长已经成了无话不谈的好朋友，因为我们的专业相通，爱好也相近，我们有很多话题可以谈，我真的觉得他是一个很优秀的人，不过，我也很棒"。

安尔莎凭借扎扎实实的工作作风，让自己获得了任性的人生，而其他职员却因为嫉妒而一直在原地踏步，最终也没有获得任性的资本。

看到这里，我们应该明白，别去眼红别人的风光，有本事闯出自己的辉煌，才有足够的资本去任性。付出才有回报，一分耕耘一分收获。多数时候，他人之所以获得的东西比你多，任性的资本比你多，正是因为他们付出的努力比你多、承受的压力比你大，担负的责任比你重罢了。

任性的背后，从来都是辛苦的汗水。

刘珊是大学同学中最春风得意的女人，上学时虽然她的成绩不是最好的，长得也不是最漂亮的，但现在她却成了大家羡慕的对象：住别墅、开宝马、儿女双全、夫妻恩爱，经营着一家近百人的文化公司，告别了朝九晚五的打工生活。作为一个女人，她活得足够任性，也已然算是走上了人生的巅峰。

可是，刘珊却这样说："我之所以如此风光，是因为付出了别人无法想象的努力。你们说我活得任性，其实，你只努力，今后也可以任性。"说着，她拿出一个日记本来，翻了几页后递给了朋友。

众人凑近一看，那几页的内容大致如下：

2008 年至 2010 年，攻读汉语言文学研究生，以优异的成绩拿到了硕士文凭；

2010 年至 2011 年，任职大型企业做文案工作，学习前沿的传播和传媒技术，和学会把握行业内的技术发展趋势；

2011 年到 2012 年，转做营销工作，学习把握市场动向和训练营销能力；

2012 年至 2013 年，攻读 MBA，学习公司管理，同时去小型公司做研发工作；

2013 年至 2014 年，争取当上了所在部门的中层领导，学习对部门工作进行全盘规划，参与公司的整体决策；

也就是在 2015 年，刘珊便任性地离开了之前的公司，创立了属于她自己的文化公司。

接着，刘珊讲起自己年轻时的一段经历：那时刘珊正在实习期，一次她穿着八厘米的高跟鞋穿街过巷去拜访客户。正准备返回的时候，天突然下雨了，她站在寒风里瑟瑟发抖，公交车一直迟迟不来，打出租车又觉得贵，不得已只能选择走回学校，晚上脚踝就红肿得疼痛难忍。当晚，她就对自己说："你要努力！如果你不努力，你想指望什么。你要努力，最起码，我不要我的脚再受苦。"

成立公司后，跑市场、跑融资、找合作伙伴，刘珊每天都工作到晚上 12 点钟，有时凌晨两三点还不能休息。每当有人问她："你自己是老板了，那么累干什么？"每次她都会说："累是肯定的，但现在累是为了以后不累，我这都是为任性积累资本。"正是带着这种吃苦的精神和忘我的工作热情，刘珊的公司获得了可喜的发展，她获得了成功。现在，她个人所获得的资产高达千万，足以支撑她后半辈子的任性生活。

瞧，刘珊每一步都走的不能再明确了，所有那些我们看上去很任性的生活，其实都是她一步步踏踏实实急取到的。

别眼红别人的风光，努力去提升自己吧，你终会发现，自己长本事比眼红别人的感觉要好，也最终会拥有任性的资本。

说"我能行"之后，你得有底气任性

约翰·库缇斯一出生就是残疾人，身体只有可乐罐那么大，而且脊椎下部没有发育……上学时许多小朋友都嘲笑他是"怪物"，还有些同学拿他恶作剧，作弄他，在他课桌周围撒满图钉。中学毕业后，他就开始找工作，可却因为残疾被无数次拒绝。几乎在所有人看来，约翰是什么都做不了的可怜人，但他却任性地坚持不坐轮椅、坚持靠双手行走。

尽管每移动一步都异常艰难，手掌经常被扎得鲜血直流，钻心的疼痛，但他一直说"我能行"，相信自己能学会走。后来他不仅学会了走路，还凭借惊人的毅力学会了溜冰板、考取了驾照，他还坚持体育锻炼……

由于长期的锻炼，约翰的手臂异常强壮，有惊人的爆发力。这时，他还是任性地想要成为一名运动员，并且积极报名参与各种体育赛事。令人没有想到的是，他竟然取得了一系列让正常人都觉得不可思议的成就：1994年，他夺得澳大利亚残疾网球冠军；2000年，他拿到全国举重比赛第二名……后来，他应邀到一百多个国家进行演讲，成了享誉世界的激励大师。

约翰天生重度残疾，但他却任性地成为运动健将、激励大师。为什么他能取得令人难以置信的成就？对此，约翰·库缇斯给出解释，"这个世界充满了伤痛和苦难。有人在烦恼、有人在哭泣。面对命运，任何苦难都必须勇敢面对。一切皆有可能，所以永远不要对自己说'我不行'"。

一个人能否获得成就，一切取决于自己。那些做成的事，通常都是你认为自己能够做好的。你认为不可能做成的事，也真的从未发生——这就是潜能的力量。

关于潜能的威力，其实也没有神秘可言，它起作用的过程通常都是这样的："我能行"的态度产生了能力、技巧与精力这些必备条件，即每当你相信"我能行"时，自然就会想尽方法去完成，从而使精神全力集中、能力充分发挥，进而激发出更多的潜力，最终达成目标，获得成功。

讲到这里已经非常明朗了，世界上没有一件事是"可能"的，也没有一件事是"不可能"的，但"我能行"的态度往往会将"不可能"变成"可能"。所以，面对种种问题、挑战及困难，不必逃避、不必害怕，不妨任性地多说几遍"我能行"，将这一信念运用到生活和工作中，你必将站在成功这边！

拿破仑年少时，家里非常贫穷，但是父亲却非常高傲，想要拿破仑成为出色的上流人士，于是便把他送进了一所贵族学校。在那里，都有自以为富有、高贵的同学，时常嘲笑拿破仑的贫穷和低贱。对此拿破仑既愤怒又无奈，但他深信别人拥有的自己也能拥有。于是，他发誓要出人头地，并且把同学们的每一种嘲笑和欺辱当成是激励。他下定决心：一定要好好地努力，总有一天自己会以实际行动让他们看看，自己比任何人都强！

那时候，拿破仑住在一个破旧的房间里，他孤寂、沉闷，却一刻也没有忘记读书，他还把自己想象成一个总司令，将科西嘉地图画出来，他在地图上清楚地指出哪些地方应当布置防范，这是用数学的方法精确地计算出来的。长官发现拿破仑的学问很好，便派他在操练场上执行一些任务，而他每一次都能够完成得很深，所以他获得了一次又一次的机会。很快，拿破仑就成为了学校中最优秀的学员，就连当初嘲笑他的人都不得不对他刮目相看。就这样，拿破仑慢慢地走上了有权势的道路，任性地成为了法兰西第一帝国的皇帝。

其间，拿破仑任性地多次对外扩张，创造了一系列军政奇迹与短暂的辉煌成就：他指挥的 50 多场战役，只有三场战败，连续五次挫败反法联军，歼灭敌军千万之军。在不到十年的时间里，他征服了大半个欧洲，册封了五个君主，灭掉了三个国家。拿破仑如此任性的资本是什么？他成功的秘诀又是什么，这在他写给某将军的信中可以找出答案——"在我的字典里没有不可能！"

从"我不行"到"我能行"，其实只需一点任性，你的人生就此大不相同。

浮躁的时代，我们都欠自己一个专注

一个荷兰青年中学毕业后，怀着美好的理想，前往大城市找工作，但是由于他学历低、经验少，屡次被别人拒绝。无奈，他只好又回到了小镇上。一次偶然的机会，他被市长指派做市政事务工作。

这种工作比较轻松，但是却可以接触到很多人。一天，他从一位朋友那里得到一个消息，荷兰的最大城市阿姆斯特丹有许多眼镜店，除磨制镜片外，也磨制放大镜。那个朋友还说："放大镜非常神奇，可以把看不清的小东西放大，并让你看得清清楚楚。这真是一个好东西。"他心动了，可是他到眼镜店一问，才发现这种放大镜价钱贵得吓人。

从眼镜店出来之前，年轻人恰好看到磨制镜片的人在使劲地磨着。磨制的方法并不神秘，也不需要什么高超的技巧，只是需要仔细和耐心罢了。那时，他任性地想："为什么我不尝试着磨磨呢？"之后，他开始磨制起镜片来……

日复一日，年复一年，他把全部精力和时间都花费在打磨镜片上了，细细地磨、认真地磨，不知不觉就磨了六十多年，从一个须发乌黑、英姿飒爽的小青年变成了一位须发斑白、背驼腰弯的老者。所有人都觉得他太任性了，这么没有上进心怎么能有出息呢？做这么简单无聊的事情怎么能有作为呢？

可是靠着专注认真和耐心细致，他的技术早超过了专业技师，他磨出的复合镜片的放大倍数，比别人的都要高。拿着自己研磨的镜片，他居然发现了当时科技界尚未知晓的另一个广阔的世界——微生物世界。

这一发现震惊了整个世界，从此他从一个籍籍无名的人变成了享誉世界的人，被授予法国巴黎科学院院士、英国皇家学会会员的头衔，就连英国女王都为震惊他的发现，特此不远万里来小镇拜会他。

这个一生只磨镜片的任性人物，就是科学史上大名鼎鼎的荷兰科学家万·列文虎克！任性的万·列文虎克只专注于打磨镜片，这是一种锲而不舍、全神贯注的追求，如此也就能不受内心欲望和外界诱惑的干扰，理智清醒，进而缔造强大的实力。

一个人一生可做的事情有很多，如今不少人都有这样的想法，自己最好身怀十八般技艺，头顶三四个职务或者身兼五六个身份，甚至恨不得将自己大卸八块，分别扔进不同专业的领地里去占个地盘。但一个任性的人却会把自身的意识集中在某个特定的领域，哪怕一辈子只专注地做一件事。

如此任性而又执着的人并不只有他一个，约瑟夫·雷杜德也是如此。约瑟夫·雷杜德是法国的一位知名画家，他出身于一个画家世家，他的爷爷是画家、父亲是画家，在家庭氛围的影响下，他很小就开始学作画了，但是他却任性地只画一种东西——玫瑰，画玫瑰的根茎、叶子、花朵、果实等。

爷爷和父亲并不看好雷杜德画玫瑰，他们认为人们只爱看圣徒和英雄，没人会付钱给画家画玫瑰的。朋友们却不赞成他只画玫瑰，希望他能涉及其他景物，比如人物、景色，并且认为只要他能够转移自己的注意力，就可以成为一位不错的画家。但是，雷杜德却依然任性地画着一朵又一朵的玫瑰。

整整二十年，雷杜德记录了 169 种玫瑰的姿容，花朵神采各异，颜色淡雅，色泽过渡自然，最终玫瑰成了他的巅峰之作，无人逾越。雷杜德也被称作"花卉画中的拉斐尔""玫瑰大师""玫瑰绘画之父"。

有的人忙忙碌碌做了一辈子的事，却没有一件能让人记住的；但有的人一辈子只做了一件事，就让人记住了。成功其实不是什么难事，就是找一个能充分发挥自己能力的平台，专注地坚持做下去，哪怕任性地只做一件事，倾其所有坚守一件事。只要你朝着一个方向前进，你总会在某个领域和空间有所作为的……

浮躁时代，我们都欠自己一个专注。

还记得"水滴石穿"的故事吗？水本来是世间至柔之物，但是当水专注的时候，再坚硬的石头也会被砸出坑坑来。

实力够了，你才可以做自己想做的

从一个普通大学生到 MySpace 中国负责人、从一个名不见经传的华裔女子，到作为"最富传奇的中国女人"，邓文迪活成了众人眼中的传奇。如今，她坐拥十亿家产，成为家喻户晓的人物，任性地带着比自己小 17 岁的名模男友到处秀恩爱，任性地过着别人羡慕不已的生活。有人说她是一个有心计的女人、有人说她是靠着默多克才过上了这样的生活。那是因为他们都没有看到，邓文迪任性人生的真正开端，其实源自她的实力。

邓文迪年纪轻轻就获得了人生中的第一份重要实习工作——卫星电视公司总部实习生的工作。是什么原因让她获得了这一千载难逢的机会？是因为默多克？是因为心机、美貌？不，并不是这些，而是她拥有了耶鲁大学商学院的 MBA 学位！

1996 年邓文迪以优异的成绩从耶鲁毕业后，在飞往香港的飞机上，她有幸坐在了默多克旁边。这次机遇让邓文迪赢得了令人羡慕的工作机会，但是能够让她真正获得这个机会的并不是巧遇，而是她的实力，以及她良好的沟通能力。在默多克的新闻集团，邓文迪不像那些刚毕业的女生腼腆、内敛，她利用自己的中国面孔、聪明的头脑吸引了默多克。之后，她积极帮助默多克打理 Myspace 的业务、投资拍电影，参加各种商业谈判，任性且高调地活跃在美国的上流社会。

和默多克离婚时，邓文迪并没有分得巨额财产，可是谁又能想到，这个女人的爱情、事业依然可以风生水起。这些戏剧反转的背后，依然是实力。她的聪明、时尚、风趣，吸引了一大批人的青睐，从好莱坞明星到时尚圈大咖、从约旦王后到俄罗斯名媛，这些人都成为她职业转型的巨大推力。

当绝大多数的女人还在为衰老的容颜、出轨的丈夫、不成气候的孩子、挑剔的婆婆一筹莫展时，还在为了生活而苦苦奔波的时候，邓文迪已经踏遍娱乐圈、时尚圈、政商圈，凭借着出众的能力，过上了令诸多人羡慕的巅峰人生。

邓文迪比较张狂、强势，主动追求自己的爱情、事业、理想等，任性地过自己想过的生活，大家总是带着有色的眼镜去看她，觉得她的做法有悖常理，这样的女人过于任性，但又会禁不住去羡慕她的精彩人生。没有一定实力，怎会如此任性？她精明、能干、高学历、有头脑，这些都是她任性的资本。

这是一个强者生存的社会，有资本才能任性、有实力才能任性。

为了更好地说明这个道理，我们来看一则寓言故事：

在一片茂密的森林里，许多动物过着有秩序而又悠闲的生活，这个动物王国的大王自然就是凶猛的老虎。有一次，老虎出远门办事，便将管理森林的任务交给了狐狸。老虎走后，狐狸感觉自己是大王了，说话、办事都威风凛凛，非常有威严。可是，这种威严的日子没过几天就结束了。

原来，一头野猪和一只小松鼠发生了矛盾，野猪欺负小松鼠，所以哭着找到狐狸要它给自己做主。可是，当野猪怒目圆睁、气势汹汹地走过来时，狐狸全然没有了以前的神奇和威严，被吓得瑟瑟发抖，不敢说一句话。这样的情形被所有的动物看在眼里，他们这才知道，原来狐狸只是色厉内荏，根本没有管理森林的能力。

第二天老虎办完事情回来了，狐狸立即把大王的位子还了回去，并把野猪欺负小松鼠的事情告诉了老虎。老虎一声长啸，把野猪叫来严厉地批评了一通，并让野猪向小松鼠道了歉。其他的动物都拍手叫好。

对此，狐狸感到非常痛苦，他不解地问："为什么你们那么敬重老虎，却不听我的领导？我也做过大王，我也是有威严的。"

小松鼠回答道："你根本没有老虎的实力，没有力量来保护我们，我们凭什么要敬重你？你要看清楚这个事实。"

狐狸根本就没有保护其他动物的实力，处理不好森林里的各种事务，又怎么能够像老虎那样得到其他动物的敬重呢？

放眼当下的世界，美国想打谁就打谁，世界上哪里有事它都要管，它凭什么这么任性？很简单，因为它有世界上最尖端的武器、世界上最强的军事实力。俄罗斯很任性，在国际上态度强硬，敢于和美国叫板，因为它有与美国抗衡的军事实力。而伊拉克萨达姆和美国叫板的结果是什么？被美国送上了绞刑架。

可见，没有实力的任性，会招来祸患，有了实力才能任性，真正做自己想做的事情。

为什么你总是觉得低人一等，没有足够的话语权？为什么你总觉得身不由己，被人处处牵制？就因为你实力不强。

那么，从现在开始扎扎实实地打好基础，稳稳健健地培养自己的实力吧！当你的实力强大起来后，你的存在就更有价值了，你不仅仅能生存下去，而且还能任性地生存下去。

如果你想放肆地爱，先要具备被爱的资格

虽然卢卢只有 26 岁，但却一再被父母催婚，亲朋好友们也积极地给她介绍对象。但她不想那么早就把自己嫁出去，因为她觉得还没有遇到真正令自己满意的人。

她总是对家人和亲朋好友说："我不着急嫁人，我有能力过自己想要的生活。我不会选择一个不爱的人，为了结婚而结婚。我的格言是，不要跟别人比结婚，要看一辈子的幸福有多少。我要好好对待自己，努力充实自己，以最美的姿态，期待那个对的人的出现。"

就这样，卢卢任性地做着自己想做的事情。因为她喜欢写作，所以走上了写作之路，尽管开始时只是每月 2000 块工资的小编辑，但是通过了几年的努力，她终于成为了年薪 50 万的编辑主任。现在她有了好的事业，住着 200 平方米的大房子，开着几十万的车，靠自己买包、买鞋坦荡地过着单身生活。

尽管工作非常忙碌，卢卢却任性地过着不一样的生活。为了保持良好的身体状态，有一个好的心态，她每周上 3 次健身房，有时跳跳

健美操、有时做瑜伽。为了满足甜品的嗜好，她将烤箱、料理机、蒸汽锅……琳琅满目的厨房神器一样一样搬回了家，用手机下载了一堆美食APP。办公室的下午茶时间，就有了她的甜品专场，每个品尝的人都夸她手艺非凡。

事实证明，如此通透的姑娘，根本用不着任何人担心。卢卢的优秀吸引了诸多男士的青睐，这时别人劝卢卢选择一个差不多的人不嫁了，但卢卢丝毫没有因自身"剩女"的身份而自降身价，她左挑右选，任性且严格考核，最终选择了一位如意郎君，风光大嫁，羡煞旁人。她的先生长她2岁，是一位小有名气的甜品店老板，两个人都是甜品爱好者，趣味相投，之后的发展水到渠成。

现实中，有太多声音会说："我希望获得许多人的爱，并能随心所欲地挑选。""我想钓个金龟婿，但是没有那么好命的人。""我也想像××一样做个滋润的富太太"……每个平凡而有野心的姑娘，都希望获得一位英俊多金的成功男士的青睐，然而在这个真实的世界里，永远没有捷径可走。

如果你想放肆地爱，先要具备爱的资格。遇见什么样的人，嫁什么样的人，这个人的好与坏，关键是你本人的价值。你是什么样的人，你就会遇见什么样的人。那些总能任性去爱，遇得良人的人，从来都不是因为幸运，而是他们具备被爱的资格，人们常说的那样："当你把自己经营成女皇，自然会吸引来帝王。"

还记得著名的华尔街征婚的那一个帖子吗？

一个年轻漂亮的美国女孩在金融版上征婚："本人25岁，非常漂亮，谈吐文雅，有品位，想嫁给年薪50万美元的人。你也许会说我贪心，但在纽约年薪100万才算是中产，本人的要求其实并不高。想请教各位一个问题：怎样才能嫁给有钱人？和我约会的人，最有钱的年薪也不过25万。"

然后，一位华尔街的金融家这样回复了她：

"美丽的女孩：让我以一个投资专家的身份，对你的处境作一下分析，我年薪超过50万，符合你的择偶标准。但是从生意人的角度来看，跟你结婚是一个糟糕的决策，你只是想要一笔简单的'财''貌'交易，但是，这里有个致命的问题，你的美貌会消失，但我的财富却不会无缘无故地减少，事实上，我的收入可能会逐年增加。从经济学的角度讲，我是增值资产，你是贬值资产。

"用华尔街的术语说，每一笔交易都有一个仓位，跟你交往属于'交易仓位'，一旦股价下跌就要立即抛售，而不宜长期持有，也就是你想要的婚姻。这听起来很残忍，但是年薪能超过50万的人，都不是傻瓜，因此我们不会跟你结婚。所以，我奉劝你不要再苦苦寻找嫁给有钱人的秘方了，与其如此，你还不如想办法把自己变成一个年薪50万的人。这比你碰到一个有钱的傻瓜的可能性要大。"

爱情也好，婚姻也罢，都是急不得的事情。当对的那个人没出现时，不如充分利用当下的点滴提升自己，比如人格魅力的提升、自我价值的实现，明亮温暖的笑容，善解人意的态度以及落落大方的谈吐，那种以自己喜欢的方式前行，让自己觉得幸福、让他人觉得舒服的姿态，才值得你去努力。

当你渐渐变成一个很有价值的人时，哪有时间患得患失、哪有时间猜东猜西、哪有时间揣摩别人，你心里会非常笃定：你是值得的，因为你终于有足够的自信，去抓住属于自己的一切。走到这一步，你已无须担心自己是"黄金剩斗士"还是"齐天大剩"，自然会有真正爱你的人出现。你已无须担心自己嫁得好不好，因为无论你过上了哪种姿态的生活，你都有让自己任性绽放的资本。

天才并非天生，不凡源自练习

在不知情者眼里，文雅是一个幸运的人。短短三年，她就从人事部文员升为了销售经理，成为公司独当一面的任性人物。只有文雅自己清楚，自己不是什么幸运儿，也不是什么天才，所有的一切都是一步一步努力获得的，任性的背后是数不清的艰辛。

刚进公司时，只有大专毕业的文雅是一个不起眼的人事文员，这只是一个好听的说法，其实就是打杂的，每天整理、撰写和打印一些材料。在这个部门，学历高、能力强的人才层出不穷，文雅自知自己没有什么优势，只有比别人更勤奋。当别人抱怨工作百无聊赖、老板苛刻时，她总是勤勤恳恳地工作，用心搜集、深入了解产品以及主要客户的资料；当下班时，别人轻松的背起皮包，与朋友聚会、玩乐时，她总是加班到很晚，准备第二天需要的资料。

由于整天接触公司的各种重要文件，又学过有关财政方面的知识，细心的文雅发现公司在财政运作方面存在一些问题。于是，除了完成每日必须要做的工作外，她开始深入研究起了公司财政方面的资料，并将这些资料分类整理，进行分析，最后一并打印出来上交给老板。

老板看了资料后，不仅惊异于她的认真负责，更没有想到文雅竟然有这么精明的理财头脑。所有意见和分析都井井有条、合情合理。后来，每次开会时，老板都会征询她的意见，并逐渐尝试着让她参与决策。

即便如此，文雅也没有得意忘形。她和往常一样，默默努力，不断提升自己。其间她给公司创造了不小的业绩，也为自己赢得了赞誉。所以，她才能从一个文员成为一名销售部经理。

这个世界上每个人都期待做天才，任性地做自己想做的事情。在很多时候，我们不得不承认，现实是很残酷的，不是每个人都是天才，有时我们甚至比别人愚笨。于是，许多人抱怨自己根本没有任性的资本。殊不知，任性的资本固然与自身的天赋相关联，但更重要的是自身的勤奋与努力。

世界上能登上金字塔尖的生物只有两种：一种是鹰；一种是蜗牛。

为什么鹰可以？因为它天资奇佳，搏击长空。

为什么蜗牛可以？因为它自知资质平庸，所以更加勤奋，永不停息。

天才并非天生，不凡源自练习。一分耕耘一分收获，勤奋使平凡变得伟大，使庸人变成了豪杰。如果你没有雄鹰般的天赋，那就拥有蜗牛般的勤奋。即使是做一只蜗牛，你只要慢慢爬行、永不停息，终究可以欣赏到金字塔顶的美丽风景，具备任性的能力和资本，进而促成生命的意义和辉煌。

人难免都会有一定的惰性，当下心里的旁白大多是："不过就是偷懒一下，应该没有什么关系吧！"当这样的想法入侵大脑时，请及时提醒自己——日本 SONY 的创始人盛田昭夫曾说过这样一句话："如果你每天落后别人半步，一年后就是 183 步，十年后就是十万八千里。"这个数字是不是很惊人？

醒醒吧，勤奋的人从不给自己找借口喘息。

伊弗利·吉特里斯是著名的小提琴家，被公认为当今音乐界的传奇人物，他精湛的演奏风格和深厚的音乐造诣使他的名字享誉世界。虽然今天他已经是95岁的高龄了，但是他并没有停住自己的脚步，依然不定期地到世界各地演出和讲学。

有人问吉特里斯："您演奏得实在是太棒了！你简直就是个天才！"

可伊弗利·吉特里斯却微笑着说："这一切都是练习的结果，我坚持每天练琴。如果我一个月没有练习，观众就能够听出来；如果我一周没有练习，我的妻子就能够听出来；如果我一天没有练习，我自己也能听出差别。"

没错，天才不是天生的，而是不断练习的结果。

要学习那么多课业、要掌握那么多技能、要考那么多证书、要加班加点、要熬夜苦读……现在的你或许真的很辛苦，但请记得告诉自己，要想任性地生活下去，就要自觉地勤奋起来、努力起来，学到知识和技能，总归全部属于自己，现在的努力都是以后能有更多可以任性的机会。

天才是百分之一的灵感，百分之九十九的汗水。既然下定决心要做人上人，就不要为自己的懒惰找借口，别忘了别人都在你看得见或看不见的地方努力着。也许你和你的工作都很平凡，但只要你不偷懒，够勤奋，数年如一日地付出心血和汗水，你就有机会迅速地成长和进步，具备任性的资本。

原始积累是青云直上的"梯云纵"

汪涵是湖南卫视著名节目主持人，观众对他的印象大多是高情商、反应快、会说话。

在节目中，汪涵经常会接触到各行各业、形形色色的人，科学家、优秀学子、钢铁工人、驾校司机等，涉及的知识面包括科学、教育、建筑等方面。面对各个岗位、各个职业可能出现的各种问题，他都可以从容不迫、安然自若的解决。

工作之余，汪涵则喜欢做自己想做的事情，唱歌、收藏、演戏、外交，歌手、作家、演员、形象大使……这些身份都在他身上更选，而且每一样都做得风生水起，他还被丹麦驻中国大使裴德盛大使授予"丹麦在华文化季暨丹中文化交流使者"称号。许多人羡慕之余，不禁感慨自己什么时候才可以像汪涵一样做个任性的人。

殊不知，这任性的背后，源自汪涵多年的努力，这是一个慢慢积累的过程。

汪涵 19 岁进入湖南卫视，早期只是电视台的临时工，虽然每月的薪水很微薄，但再累的活、再危险的活，他都愿意干，场工、杂务、灯光、音控、摄影、现场导演样样涉足，他没有学过任何摄像技术，却抢着替外景记者扛笨重的摄像器材，就是为了跟前辈学习。同时，他在自己家中专门开辟了一个小书房，取名"六悦斋"，"六悦"即书能满足六根的愉悦感。只要有时间他就坐在书房读书，每年看几十本书，一步步成熟、一步步蜕变，汪涵最终厚积薄发，发而耀眼，成为了湖南卫视的"台柱子"，更是电视主持界的佼佼者。

我希望高考考出好成绩，让周围所有的人都感到惊讶。

我想做个出彩的项目策划，惊艳所有人，实现人生逆袭。

……

谁都想拥有傲娇气扬的时刻，此刻个人的才智、创造力被充分释放，个人价值被重视，可以任性地去做任何想做的事情。但怎样才能实现这一时刻呢？我们常常抱怨命运的不公，却不知原始积累才是青云直上的"梯云纵"。任性的人生往往需要悄无声息地蓄势待发，正所谓厚积才能薄发。

地层深处的泉水，一滴一滴浸透在土壤里，毫不起眼，而一旦积聚到一起，必然可以形成涌动的喷泉；毛竹在最初的 5 年，人们几乎看不到它的变化，却不知它正悄悄伸展着长达几公里的根系；第六年雨季到来时，它便会依仗巨大的根系，以每天 60 厘米的速度生长，迅速达到30 米的高度。

事物的成长要遵循一定的自然规律，人生的成功也需要不断地积累。要想获得任性的人生，就需要循序渐进、持之以恒，以一种向上的心态，坚持不懈地去努力。唯有厚，拥有一颗不断进取的心，不断地积累，才能使自己更强大；也唯有薄，最后的能量才会展示出惊人的力量。

日本有个一流的剑客，名叫宫本武藏。当时，一个叫作又寿郎的年轻人拜宫本武藏为师，他是一个很有天赋的年轻人，只要肯勤学苦练必定能成为一流的剑客。

在学艺的过程中，又寿郎问宫本武藏："师父，按照我现在的资质，要练多久才能像您一样，成为技艺高超的剑客呢？"

宫本武藏回答道："最少10年！"

又寿郎觉得时间太长了，便问师父："10年的时间太长了。您快点教我，我也更加努力地练习，这样什么时候能够成为一流的剑客呢？"

谁知宫本武藏竟然回答说："大概需要20年。"

又寿郎惊讶地问："为什么会这样？"

宫本武藏回答说："要想成为一流的剑客，有一个非常重要的先决条件，那就是心神要安宁，你要在日常的训练中不断坚守、进取、升华，才能沉淀、积蓄，而后发。"

又寿郎幡然悔悟，于是按照师傅的指导练习，让自己的内心静下来，终成一流剑客。

每一颗闪闪发光的钻石，都是经过了千百次的打磨；

每一只翩翩起舞的蝴蝶，都要承受作茧自缚的阵痛；

每一次艳光四射的傲娇，都是一种厚积薄发的沉淀。

所以，你现在默默无闻也好、平平庸庸也罢，这些都不要重要，只要你一直努力向上，默默前行，迟早会拥有傲娇气扬的任性。

别迷信"运气好"，它涂抹了许多付出

"听说 Kate 又升职了？好羡慕！"

"她运气可真好，能够一路畅通无阻！"

"她这样的好运，不知道是不是有捷径，或是有什么关系！"

面对 Kate 又升职的情形，办公室响起了一阵阵羡慕又嫉妒的声音。

说起 Kate，她比任何人资历都浅，只是一名默默无闻的助理，刚开始工作时成绩也很一般。但后来却一路高升，让其他同事望尘莫及，只能在私下干嫉妒。仅仅用了五年，她就成为了部门经理，拿着百万年薪，经常出入各种专业论坛的酒会。

很快，同事们嫉妒的话语就传到了 Kate 的耳中，她任性地回击："给你们好运气，你们就能抓住吗？"不是 Kate 目中无人，而是她深知，自己从职场菜鸟到部门经理，岂止是因为运气好！没有人知道她私底下付出了多少的努力。

她刚进公司时，凭借着一股傻劲，每天拼命地工作，各种财务报表看得都快要吐了，将公司的业务专心、系统地学习了几遍；晚上同事们掐着点儿下班，不是去约会就是窝在家里看电视，她则每天忙到深夜，整理各个客户的信息、学习专业知识、弥补自己的不足；城市的夏天燥热无比，同事们都躲在装有空调的办公室享受着凉爽，自己却冒着烈日、挤着公交车办理各种业务；需要出差的时候，她常常凌晨四五点就去赶飞机，在飞机上还不忘整理资料，完善方案……这些努力和辛苦都是大家没有看到的，大家只看到了她的幸运和职位的升迁。

别迷信"运气好"，它贬低了许多付出。

你羡慕别人又美又瘦，自己却躺在床上懒得动；你眼红同事升职加薪，自己却熬夜怒刷微博、朋友圈……世间的美好，都是相互的。哪有什么天降好运，不过是通过努力积累了足够的实力。虽然并非所有的努力都会收获好运，但所有的运气，却一定是因为你足够努力，才肯垂青你。

看完下面这个故事，你或许就会懂了。

一个年轻人非常想成为一名新闻记者，无奈他被所有报社都拒绝了。他认为自己运气糟透了，为什么就不能找到自己喜欢的工作呢？于是，他给美国著名作家马克·吐温写了一封信，希望马克·吐温能够给自己推荐一份工作。

马克·吐温是怎么做的呢？

他在回信中，为这个年轻人提出了求职"三步骤"：第一步，明确向报社提出自己不需要薪水，只想找一份工作；第二步，一旦被聘用就要努力工作，直到做出成绩再提要求，给薪水或升职；第三步，成为经验丰富的业内人士。这样一来，自然有报社主动聘用你了。

年轻人对马克·吐温的回信半信半疑，难道就这么容易吗？但是他觉得马克·吐温不会戏弄自己，于是便照此认真做下去了，结果他不仅成功地在一家报社当上了新闻记者，还取得了很大的成就，成为了国内最著名的记者。

上天给予每个人的都一样，但是每个人的准备却不一样。好运气往往出现在努力的人身上，而没有经过努力的付出，给你运气你也抓不住，自然也就没有任性的资本。所以，不要羡慕那些总能撞大运的人，不要总是抱怨自己运气不好，你必须很努力，才能遇上好运气、才有资格去任性。

谁善于掌控时间，谁就能拥有不一样的自由

美国著名的思想家本杰明·富兰克林，曾经说过一段经典名言："你热爱生命吗？那么别浪费时间，因为时间是组成生命的材料。记住，时间就是金钱。假如说，一个每天能挣20元的人，玩了半天，或是躺在沙发上消磨了半天，他以为他在娱乐上仅仅花了6元钱而已。不对！他是花掉了他本可以获得的20元钱。记住，金钱就其本身来说，绝不是不能升值的。钱能生钱，而且它的'子孙'还会有更多的'子孙'。如果谁毁掉了最初的钱，那就是毁掉了它所能产生的一切，也就是说，毁掉了一座财富之山。"

据说，当年在富兰克林报社前的商店里，一位男顾客拿着一本书犹豫了很久之后，才询问价格。当店员告诉他那本书价格是1美元的时候，男顾客试图想要便宜一点，结果遭到了店员的拒绝。

过了一会儿，男顾客又问道："请问，富兰克林先生在吗？"

店员回答："在，不过他正在印刷室忙碌。"

男顾客说想要见见富兰克林，尽管店员几次拒绝，他还是坚持要见。

于是，富兰克林只能出来见他。男顾客毫不客气地问："富兰克林先生，这本书的最低价格是多少？"

富兰克林立刻说道："1.25 美元。"

"1.25 美元？不会吧！刚刚店员说只卖 1 美元呢！"

"没错，"富兰克林说，"但我宁愿倒贴给你 1 美元，也不愿意耽误自己的工作。"

男顾客感到非常吃惊，心想：算了，还是早点结束这件事情吧！他说："那好吧，我最后再问一下，这本书最少要多少钱？"

"1.5 美元。"富兰克林说。

"什么？为什么又变成了 1.5 美元？"

富兰克林冷冷地回答："是的。它现在的价格是 1.5 美元。"

男顾客什么也没说，只好默默地把钱放到柜台上，拿起书出去了。富兰克林用这件事给他上了终生难忘的一课：时间也是金钱。

时间最不偏私，给任何人都是 24 小时；时间也最偏私，给任何人都不是 24 小时。因为时间是死的，人的思维却是活的。在你追我赶的时代，生活的节奏可能很难慢下来，但你要学会掌控和运用自己的时间。有些人之所以能任性而活，拥有不一样的自由，就在于他们善于掌控时间。

他是某大学校园里的风云人物，身兼数职，既是广播站的站长，又是院团委学生会书记，还是记者团的团长和学院红十字会的副会长。因为他多才多艺，所以同学们给他起了个外号叫"张多才"。每天他都非常忙碌，学院的大小晚会、主持人大赛、歌唱比赛……

虽然如此，他的成绩还非常好，能够很任性地拿着全系第一名的成绩。人们不禁疑惑地问：这样忙碌的人究竟用了什么办法才取得了这么好的成绩？难道一直在默默地付出、努力？

事实上，他的生活并不像外人想象的那么辛苦，因为他能够掌控自己的时间，合理分配自己的时间。在随身携带的一个黑色的本子上，他把自己的事情安排得井然有序：这学期学校有什么重大的活动需要提前准备，这两个月有什么重要会议或者是娱乐节目需要安排，这周又有什么紧急的事情需要和大家一起完成。因为时间安排得当，所以他可以做很多自己喜欢的事情，并且不耽误学习和恋爱。

他说："只要把自己的时间'分解'，不让琐事乱成一团，做什么事情都思路清晰、井井有条，自然会达到事半功倍的效果。时间不是金钱，但时间却比金钱更加宝贵。"

每个人拥有的时间都是一样的，都是24小时一天。在同样的时间内，有的人能够做很多事情，取得巨大的成就，有的人却一无所获，其中最重要的一个原因就是时间管理问题。对此，《生活安排五日通》一书的作者赫德莉克也说："不要把所有的活动都记在脑袋里，应把要做的事写下来，让脑子做更有创意的事。"

不妨给每天的工作列一个计划，按照重要程度依次排列，这样的话你就知道每天都有哪些事要做，不至于手忙脚乱。忙碌时，不要再对所有人说，自家的门随时都是敞开的。如果每个不速之客都接待的话，你或许一天什么都干不了了。有时候，要学会用委婉的方式拒绝他人，避免突如其来的干扰浪费自己的时间。

记住：谁善于掌控时间，谁就能拥有不一样的自由。

第五章
想做个性突出的人，就别拜那群指点江山的神

要想在生活里留下属于自己的烙印，首先你就必须是个不盲从的人。人，心灵的完整性不容侵犯，当我们放弃自己的立场，而顺从于别人的看法时，错误便由此产生了。一个人，只要认为自己是正确的，就要勇于坚持下去，而根本不必在乎别人如何评价。

不能给自己做主，还妄称什么英雄

市里一家大型美容机构新开业，典礼上，女老板一亮相就惊艳了众人。她已年届50，却依然风韵犹存，穿衣打扮得非常时尚，独具风格，如果不是自爆年龄，恐怕谁都不会相信眼前这个年轻的女人居然已经这把年纪了。人们注视着她、羡慕着她、感叹着她的好命。

认识她的朋友却感叹："别只羡慕她今天的光彩夺目，她的背后也有着许多不容易。"

年轻时候的她长得很漂亮，清水出芙蓉。大学毕业的时候，家里人都希望她能回老家，找一份教书的工作，抱上一个"铁饭碗"。但她并没有按照家人的期望去生活，而是在毕业之后任性地选择了南下，到广东学习美容美发。那时候的社会风气还没有这么开放，很多人都在背后对她指指点点，觉得这不是一个正经行当。人言可畏，被人指指点点并不好受，但这些都没有动摇她的决心。

做学徒非常辛苦，收入也很低，而那时，她的同学很多都已经拥有了一份轻松稳定的工作，再不济的，也直接进了工厂，算不得光鲜亮丽，但在别人眼里至少是份正经工作。她的家人都对她很失望，常常长吁短叹，但她并没有后悔，依旧任性地坚持着自己的选择。她认为，人生的道路只能自己走，不管做什么样的选择，都是自己的事，这是自己选择的路，那么就必须坚持走下去。

时光荏苒，如今的她已经在美容美发行业站稳了脚跟，拥有了十余间连锁的大型美容养生馆。而她那些昔日的同学，有的依旧抱着"铁饭碗"，朝九晚五地过到了下半辈子；有的运气好，在公司熬出了头，当了个小领导；还有运气不好的，早就加入了下岗大军……

现在，随着人们生活观念和消费观念的转变，越来越多的人开始关注美容和养生，那些曾经对她指指点点，背后说她干的不是"正经工作"的人，如今再提起她，已经改口称赞她"有眼光""有远见"了！

对此，她笑着解释道："我所做的一切，都是自己想要的，这一切只是因为我想要给自己做主，任性地走自己的路罢了。"

很多事情就是这样，不到最后，谁也看不到结局。

迈进了固定的圈圈里，按照所谓的"常理"做出选择，你以为自己在路上，已经超越了某一些人。可是后来的某一天，你也许会发现，某一些人根本没有按照套路出牌，他们任性地在走其他的路，而那条路的终点也有着别样的风景，他们人生的精彩度并不逊于别人，甚至要更精彩。

多数人都渴望有不凡的人生，但他们最终都过着平凡的日子。不是没有能力，也不是缺少机会，而是不敢打破潜在的世俗规则、不敢遵循内心真正的声音去选择，结果毫不留情地被拖入一个"定式"的鸿沟。其实，何必活得那么小心翼翼、那么中规中矩呢？不如任性地走自己想走的路。

你或许会遭遇不必要的评判，但心灵的空间是无限的，人生的旅途也并非只有一种选择。走自己想走的路，自己给自己做主，看起来虽然有些任性，但如果你想随心所欲，做自己想做的事，那么你就必须如此。而这种任性一定会给你带来丰厚的回报，比如更多的自由，内心的平安和喜乐，梦寐以求的爱人以及事业、生活等。

M.斯科特·派克，很多人可能会觉得这个名字有些陌生，但若说起他的代表作《少有人走的路》，相信很多人即便不曾拜读也不会感到陌生。

派克被誉为是这个时代最杰出的心理医生，他的确配得上这样的赞誉。他的杰出，不仅仅在他具有卓越的智慧，更重要的是他所拥有的真诚与勇气。早在儿时，派克就以"童言无忌"而远近闻名了；少年时，他又果断地拒绝了父母为他安排好的康庄大道，毅然决然地踏上自己的梦想之路，并成为一名心理医生。在他二十余年的从业生涯中，他拯救了成千上万的病人，并出版了这部震惊世界的作品《少有人走的路》。

人这一生，说长不算长，说短却也并不短。站在人生的十字路口时，你是否能够像 M.斯科特·派克那样，任性地选择那条或许困难，但却是自己梦想中的路？

这一辈子，你是谁，又为什么而活？茫茫人海中的你、我、他，都应该认真思考，找出答案。每个人在生命中都扮演着不同的角色，而很多人却在角色中迷失了真正的自己。

在一次讲座中，一位教授曾谈起"自我"与"他人"的关系，她是这样说的："人生有很多的角色，我们总习惯去扮演'父母的孩子''子女的父母''爱人的伴侣''别人的朋友'……可是却偏偏忘了'自己'。我们总习惯于去做谁的谁，然而实际上，我们最该成为的，应该是自己。

你的人生就像是你的家一样，住在里面的人是你自己。所以，别因为你的不坚定和不坚持，就让别人随意闯入你的'家'，布置你的'房子'。"

人生若是一场戏，那么作为主角的你，一定得搞清楚自己的剧本：

你不是父母的续集，你想成为什么，不应该由他们去操控。哪怕他们愿意为你操劳一生，铺就一条辉煌道路，你也应该想清楚，那究竟是不是你想要的人生、是不是你想踏上的舞台。

你也不是孩子的前传，别总把为孩子放弃自我当成是一种伟大的壮举。你的孩子和你一样，是独立的个体，你没有必要为他们而放弃自己，也没有必要非得去为他们搭建人生的舞台，自由与空间，这才是你对他们最好的馈赠。

你更不是朋友的番外，朋友应该成为你心灵的陪伴与寄托，友情也不该通过放弃自我、牺牲自我来乞求或维护。你有你的人生，他也有他的故事，你们并不是彼此的延伸。你可以当一个聆听者，在必要的时候伸出援手，但最终，你们都有各自该走的道路。

人生这出舞台剧没有谁可以单独来演完，我们总需要他人的配合，也都需要为他人而付出，但不管是配合还是付出，都不该成为束缚和包袱。人生不该被所谓的"应该"和"责任"所捆绑，人活一辈子，最重要的就是做好自己。一个人，只有能够任性地做自己，完成自己的角色定位，人生才能圆满。

一味取悦别人，是无意义地刷存在感

所有人都以为，公司里最爱笑的田苗生活得应该很开心，可没有人知道，她其实是全公司里活得最辛苦的人。所谓的"辛苦"，倒不是物质生活上的匮乏，而是内心的虚弱。

田苗是某公司的宣传员，她希望得到每个人的喜欢，生怕得罪了任何人。朋友们一起聚餐的时候，田苗都会说："你们点吧，我随意！""我都可以！""你喜欢什么？尽管挑吧！你们觉得好就好。我都 OK。"渐渐地，大家就真的以为田苗没有特别喜爱的东西，渐渐地也就不再问她了。田苗平时最爱吃红烧肉，但聚餐时一次也没人点红烧肉，这让她总是难免有些失落，觉得没有人真正地在乎自己。

部门主管没有担当，出了任何纰漏都会把责任推到下属身上，田苗刚进公司时，替主管背了三次黑锅，每一次都是哑巴吃黄连，有苦说不出。她不仅不敢说，还笑脸相迎，说都是应该的，结果主管变本加厉，习惯性地拿她做"挡箭牌"。

因为工作上的事情，同事偶尔抱怨她几句，也会让她憋屈半天，生怕别人看不起她，或是因此和她疏远了。所以，每当这种时候，她都会把姿态放得很低，千方百计地去讨好对方，邀请对方一起吃饭、看电影，或者安排别的活动。然而，事实上，每次散场，她都忍不住嘲笑自己。可要是下次再发生类似的事，她依然如此。

田苗就是这样，习惯在人前微笑，总想着让每个人都喜欢自己，心思全部放在了如何讨人喜欢上。结果，上司认为她太软弱，缺乏主见，从来都不敢把重要的工作交给她；同事觉得她没脾气，好欺负，把所有琐碎的事情都一股脑交给了她。直到有一天，她被暗恋多年的"男神"拒绝了，"男神"说："真是对不起，我无法接受一个总是在讨好别人的人，这样的心态让你显得非常卑微。"

这一刻，田苗才惊觉，原来自己这么多年来的"辛苦"和"痛苦"换来了这些。因为总是想要博得别人的喜欢和好感，所以一直无视自己的思想和感受，甚至不惜委屈自己。可笑的是，委屈是委屈了，却也没能达成预期的目的，反而在给自己徒增烦恼的同时，也让别人更加反感自己了。

有一种方式叫作靠取悦别人获得社会认可。有人为了让别人开心，不管自己有多不情愿，都会主动牺牲自己而成全别人，这就是取悦别人的最大特点。但是这个世界上不是我们愿意委屈自己，奉献自己、就能得到别人的喜欢。即使我们做得再好、再优秀，都会有人不喜欢我们。

多少人，从来认不清自己真正的样子，宁可假笑也不愿让别人排斥在圈子外。

多少人，明明可以有尊严地活着，却偏偏喜欢靠着取悦于人而苟且地活下去。

取悦别人只会让自己失去任性的资本，要想任性地生活下去，真正的出路是活出自己想要的样子。不必为了博得所有人的欢心而为难自己、委屈自己，勇敢地亮出自己的观点和建议，本着自己的原则坦诚做事，将自己的价值展现给他人，这比唯唯诺诺的"老好人"，更能赢得众人的尊重和青睐。

当当是一家出版社的编辑，在许多人眼里，她是一个既喜欢毒舌言语又犀利、既骄傲又任性的人。例如，她可以非常干脆地拒绝某个人、毫不留情地回敬别人的恶意。面对别人的指责，她依然我行我素；碰见让自己不满意的事，她就会提出来。尽管身边有不少人都说喜欢温柔的、善解人意的女孩，但当当依然我行我素。而且，每当看到有闺蜜为了取悦别人，学着温柔说话、学着下厨做饭时，她就会毫不客气地直言："有些人是取悦不了的，有点出息好不好，你就这么缺人爱？取悦自己不行吗？"

一开始，朋友们可真吃不消当当的这种任性脾气，这么激烈的表达方式。有朋友问及，你这样真的不担心会得罪人吗？

当当微微一笑，说道："以前我也担心有人不喜欢自己，也因此委屈自己，并常为此而感到难过，但后来妈妈改变了我。我喜欢吃橘子，而我妈妈，再好的橘子也不吃。我曾经不止一次劝说妈妈，但妈妈却强调说，再好的橘子自己也不喜欢吃，因为她根本就不喜欢橘子的味道。这让我意识到一个橘子，哪怕是再好的橘子，也照样有人不喜欢，有的人就是爱吃香蕉或者苹果，所以没人喜欢你，那绝对不是你的过错。"

当当可以任性地告诉任何人："如果你讨厌我，我一点也不介意，我活着不是为了取悦你。"当当任性地做着自己，但她的人缘却比很多人都好，尤其比那些比她温柔、比她为人处事周到的姑娘更招人喜欢，而且身边不止一两个异性朋友表示很欣赏当当这样的女人，因为她活得实在太自我，太生机勃勃了。

　　想要赢得别人对你的好感和人缘，正是因为你具有的性格影响到了对方，而非像仆人般恭恭敬敬地对人所获得的回报。所以，从此刻开始，请把自己真实的一面展现出来，也别介意外界对你的评判，敞开心扉接受自己，任性地去取悦自己，这总比取悦别人有尊严。

所谓的懂事，其实是成人世界的套路

白芸自幼就被父母教育要做一个懂事的孩子，脾气要好、性格要温和、凡事要为别人多想。为此，她小小年纪就学着压抑自己、隐藏自己的真实需求，她从不会哭闹，平时会主动照顾妹妹，有喜欢的东西也不敢问父母要，会默默地忍着，努力变成父母要求的样子。她知道父母工作辛苦，每天放学一回到家就安安分分写作业，生怕自己哪里不够好再给这个家添乱。

长大后，在学校和同学一起玩耍时，白芸总是被欺负的那个，争吵、辩论总是先妥协的那一个，即使心里觉得他们不对，她也会小心翼翼地附和着，因为不想别人说自己不懂事。再大一些，在单位和同事一起相处时，她明明讨厌当垃圾桶却还是默默倾听，明明有反对意见却还是附和别人，从来没见过她和别人红过脸，有时被别人无缘无故怼对一顿，她也默默地承受着。

白芸总是被别人夸说很懂事、性格好、脾气好，她以为这样的自己会得到更多的爱。但她却惊讶地发现，自己越懂事，越没有人心疼。越明事理，越没人把自己当回事。即便再累、再坚强、付出再多，也没有几个人懂自己。因为他们知道，再大的委屈，你也能隐忍下去；再大的困难，你都能扛过去。

懂事的人总是习惯"伪装"，一句"我很好"，其实心情很不好；一声"我没事"，其实心里真有事；一句"我不累"，其实已是身心疲惫。在你日渐懂事的日子里，你开始变成了一个透明人，你不哭，别人就觉得你不会痛；你不闹，别人就觉得你不在意。就这样，你成了别人的背景板，只能冷暖自知了。

看到了吧，要什么成熟懂事？最后还不是憋屈到作茧自缚！

都说会哭的孩子有糖吃，所谓的懂事，其实是成人世界的套路。所以，偶尔任性一下有优待，而且还格外受宠爱。

不知道你发现没有？身边总会出现这样一幅场景：你觉得一个女孩哪哪都好，又温柔又善良，但就是没有男朋友；而一个又做作又会撒娇，你一百个看不上的女孩，却有不少男人鞍前马后地围着转，给她花钱，每天花各种小心思逗她开心。这是为什么？就是因为，面对一个不懂事的女人，男人会有一种被需要的感觉，所以愿意去迁就、去妥协，事事都为对方考虑。

电影《前任攻略》中有两个女生牵绊着孟云的人生——青梅竹马的独立女青年罗茜和纤弱美貌的校花夏露。

以好朋友的身份默默守护孟云的罗茜，从小到大一直是一个循规蹈矩的人，她乖巧又胆小地爱着孟云。在一起成长的十几年时间里，她善解人意地为孟云排忧解难，温柔体贴地照顾着孟云的情绪。她帮助孟云创业、帮他打理公司，甚至在他有了女朋友的时候还要帮他藏好自己的感情，以免夏露看出端倪。罗茜懂事极了，以至于连孟云都快忘了她是个女生，忘了她也会难过、也会疼。

聪明漂亮的夏露则不同，她有一颗无拘无束的心，会撒娇、会发脾气、会抗议、会索取。她一点一点占据孟云的生活，即使最后两人分开，孟云还是为了她收敛禀性，在原地等她回来。

得知孟云和夏露结婚的消息时，罗茜坐在黑暗的房间里，孤独又无助，连哭泣都要躲起来，自己喝酒，自己哭喊，自己回忆，自己释放绝望和不舍。

不过还好，罗茜后来遇见了赵明。她放下了所有的逞强和伪装，任性地表达自己的要求，不高兴时就发发脾气，最终"套牢"了赵明。

任性，也是获得关注和爱的一种方式。你可以娇气，也可以撒娇、也可以适当地不懂事。当然，任性不是无理取闹、不是任性妄为，而是活出自我，想怎样就怎样，从不委屈自己。你一定首先得学会爱自己，别人才会爱你。只有活出自我并独立，才能真正地得到别人的尊重，更好地在社会上生存。

要想与众不同，就要有个性

三毛，一个俗人眼中的畸人、一个上帝怀中的骄子，她的一生充满传奇色彩。

小时候，三毛是一个身体瘦弱，性格任性、执拗、不合群的女孩。当时正值青春年少，身边的许多女孩每天热衷于打扮、逛街、追剧，但她却每天捧着不同的书阅读。小学时，三毛就表现出对文学的爱好，那时她听到一张西班牙古典吉他唱片，非常感动。西班牙的小白房子、毛驴、一望无际的葡萄园，那样粗犷、那样质朴，是她向往中的美丽乐园。于是她任性地休了学，只身远赴西班牙，进入马德里大学就读。在这里，她认识了自己未来的爱人——西班牙人荷西，两人一见钟情，并约好日后结婚。

后来，三毛因为看到一张美国《国家地理杂志》上的撒哈拉的图片，就被那片土地深深地吸引了，好似有一种莫名的前世的乡愁，于是就任性地抛弃繁华舒适的都市生活，背起行囊，选择去远方流浪。这种行为打破了当时社会和家庭的管制，许多人觉得三毛实在太任性了，但三毛却坚持这种与众不同。虽然她不知道自己从哪里来，却明白自己要往她的梦想中去，她要到撒哈拉沙漠中寻找生活里的真善美。

在沙漠里，迎接三毛的只有爱人荷西与简陋的小房子。在这里，没有人要求她怎样怎样，她任性地到垃圾场拾来旧汽车外胎，洗干净，里面填上一个红布坐垫，像个鸟巢，来人抢着坐；拾来深绿色的大水瓶，抱回家来，上面插上一丛怒放的野地荆棘，有一种强烈痛苦的诗意；拾来不同的汽水瓶，再买下小罐油漆，给它们涂上印第安人喜欢的图案和色彩；驼头骨早已在书架上了，她还让荷西用铁皮和玻璃做了一盏风灯……她觉得这里安详得近乎优雅，任性而自由自在，她要在荒原里闲吟风花雪月，她常说："自由自在的生活，在我的解释里就是精神的文明。"

正是这段任性而为的沙漠生活，激发了三毛潜藏的写作才华，她的第一部作品《撒哈拉的故事》迅速掀起了一股"三毛热"。

人最怕失去的是什么？

是金钱、名利吗？是青春、时间吗？

答案统统是否定的，人最怕失去的是自我的个性。

三毛的魅力，在于她对爱情、生命、事业都有独到的看法，她有着与众不同的个性，也坚定地掌控着自己的命运。她任性地坚持自我追求、热爱自由和个人的人格尊严，不会为了适应他人和环境而委屈和改变自己，更不会把磨平自己的个性当"磨炼"。如此更能活出真性情，成为人群中的佼佼者。

我们常说"个性决定命运"，个性是什么？个性是一个人比较稳固的特性，这可以从言谈举止、为人处世、思想品格等方面表现出来，而且个性是与别人所不同的地方，"这个人"绝非是"那个人"，是一个人的记号或标志。永远不要放弃个性，在这一点上，甚至可以任性地坚持。

个性，都是从任性开始的。只不过任性是初级的个性，成长到一定阶段后，思想、阅历、坚持统统掺和进来，就有了你独家定制的个性。

贺兰被空降到某公司当行政主管。她期待大干一场，却发现市场部员工互相包庇的现象非常普遍，如A迟到时B会替其签到，B无故旷工时考勤表上依然是全勤。当贺兰向市场部经理提出这一现象时，对方却不以为然，说市场部工作不容易，大家都是给老板打工的，睁一只眼闭一只眼算了。还说，以前的行政主管对市场部就很宽容，每年还能拿到几千块钱的感谢费。贺兰义正词严地指出这是一种失职行为，谁知市场部经理背后居然联合所有下属和同事排挤她。

这事要是搁一般人或许表面笑靥如花，背后虚与委蛇、明枪暗箭。可贺兰却是一个独具个性的人，她当即找到市场部经理，开门见山地说："我最讨厌背后搞小动作的人，我希望大家好好配合我的工作，否则我就向上级领导举报你们。"如此任性而强硬的态度，令市场部经理只好表示以后公事公办。

对于那些底下的员工，贺兰的原则性与执行力也很强，处理问题也不敷衍、不圆滑，有谁迟到或无故旷工了她就会一一标明，月底发薪时该扣的扣、该罚的罚，那些行为难免给人苛刻之感，一开始自然会遭到大家的排斥。但很快大家就发现，当员工有好的表现和突出成绩时，贺兰也会主动地向上级反映，为员工争取应得的利益……这样的结果是，大家的进步都非常快，薪水都有所提高，工作的积极性就更高了。

贺兰我行我素、直来直去，有人质疑说这种处理方式未免有些任性，对此，贺兰感慨地说："干脆利落，光明正大，这就是我的个性。可能一开始会遭遇种种非难，但我认为保持自己独立的个性是必须的。当你足够个性时，你就可以任性到不需要融入任何环境、迁就任何环境，也不需要通过小心翼翼的猜测和揣摩去把握别人的心思，来达到自己的目的。不管别人怎么看待你，你都能把事办成，那么环境自然就会主动融入你了，大家自然也会尊重你、听从你。"

当你羡慕别人可以任性地生活时，当你感到人生陷入迷茫、困顿中时，也许是因为你暂时尚未发现自己的个性。那么，从现在起，你不妨拿出一张纸来，问问自己："我的个性是怎样的？""我是否有与众不同的地方？""我的天赋是什么？"……把你的答案写下来，多多益善。

当你心中已经有了答案，就不要浪费一分一秒，那就趁早发挥自我的个性吧！你就是你，愿每个人都能任性地活出独一无二的自己！

对于那些质疑声，你可以一笑而过

或许是幸运女神的眷顾，一位年轻的英国设计师有幸参与了某城市政府大厅的设计。这样的机会对于任何一名设计师来讲都是十分珍贵的，对一个年轻设计师来说更是如此。为了设计这座政府大厅，该设计师倾尽心力，策划了多种方案。其中的一个方案是只需要一根柱子便可支撑起大厅的天花板，他认为这个方案是最完美的。经过一年多的时间，大厅建设完毕，看起来无可挑剔、完美至极。

然而，令所有人意想不到的是，就在相关专家对大厅进行验收的时候，却对这根柱子提出了异议。他们认为这种做法太过冒险了，于是提出再多加几根柱子的构想。年轻设计师对此意见持反对态度，他相信自己的设计是万无一失的，这一根柱子足以保证大厅的稳固。他将相关数据和实力详细地列举了出来，并一一分析给验收的专家们看。可是，专家们从未见过这样的设计，凭借他们自身的经验，都认为这样做有些不合理。为此，他们还试图因为设计师的顽固而将他送上法庭。

迫于无奈，那位年轻设计师最终同意在大厅的四周再添加4根柱子。

之后，这座市政府大厅矗立了三百多年，市政府的工作人员换了一茬又一茬。这一年，市政府准备将大厅的天顶修缮一下。就在工人对大厅的天顶进行检查的时候，发现了一个令所有人无比惊讶的事实。原来，这个设计师当初添加的那 4 根柱子都没有触及天花板，而是与天花板间相隔了无法察觉的 2 毫米。

这真是个任性的设计师，也是一个了不起的设计师！

这位年轻设计师的名字叫克里斯托·莱伊恩，事后人们在他的日记里发现了这样一段话："对于自己的设计，我非常有自信，我相信设计的合理性和科学性。至少 100 年后，面对这根柱子时，你们会哑口无言的。我要说明的是，那时候呈现在你们面前的，不是什么奇迹，而是我自己的一点坚持。"

每当你决定去实现自己的梦想时，这时总会有人跳出来说你不行、说你不可能做到，甚至有人还会把你的努力贬得一文不值。这时，有人会放弃自己的追求，使自己停留于一般或平庸的水平；有人不得不缩回自己刚刚施展开的手脚，压抑自己的抱负和理想；也有些人会暴跳如雷、反唇相讥，甚至可能陷入一场旷日持久、使自己身心疲惫又毫无意义的纠葛中。

很明显这些都不是明智之举，人最终依靠的不是别人，而是自己，重要的是你对自己的态度和评价。面对来自旁人的质疑声，一个任性的人虽然也会失望和心痛，但绝不会因此怀疑或者放弃自己的想法，相反，他们会固执地坚守自己的观点。他们明白事实胜于雄辩，与其为此纠结，不如用事实证明自己，当自己取得一定成绩时，相信大家都会竖起大拇指的。

他是一名京剧演员，出生于一个京剧世家。从小在耳濡目染之下很喜欢看戏，8 岁那年，他找到一位老师父，想要拜师学艺，但师父却有些看不上他，说他长了一对没精神的"死鱼眼"，呆板又没有光泽，就不是唱戏那块料。他很难过，但却依旧任性地坚持要学习戏剧表演。为了练习目力，他常常盯着空中飞翔的鸽子和水里游走的小鱼，以此来训练双眼的灵活度。日子一长，那双眼睛还真被他锻炼得光彩流转，最终成功拜师。经过一番勤学苦练，他终于有能力登台表演了，他的名字叫梅兰芳。

梅兰芳的表演惟妙惟肖，一举手一投足都风采逼人。但即使如此，也还是会遇到一些"挑剔"的观众，胡搅蛮缠批评永远也不会少，比如他舞剑，便有人说他缺乏练武之人的力道；他用一只手开门，就有人讥讽他"手劲太大"。对这些批评，梅兰芳从不生气，反而会一一记下，然后找机会向专业人士请教。他总说："只要我能做得越来越好，那么总有一天，人们就没什么可批评的了。"没过几年的时间，梅兰芳就成为全国闻名的京剧大师。

任性的人坚持按照自己的方式生活，面对别人的冷言冷语以及怀疑的目光，他们不会因此自乱分寸，耽误本该做的正事，而是会一笑而过、视若不见、充耳不闻、仍走自己的路。在默默前行中，他们一步步证明了自己，最终收获无数的鲜花和掌声。

美国前总统克林顿就是一个如此任性的人，他从不会因为别人的质疑而改变自己。在白宫的一次谈话中，他说："如果要我读一遍针对我的质疑，逐一做出相应的辩解，那我还不如辞职呢！我只要做好自己该做的事，如果证明我是对的，那么无论人家怎么说我都是无关紧要的。只要我不对任何诬陷、诽谤做出反应，这件事就只能到此为止，一切责难都毫无意义。"

所以，如果你想随心所欲地生活、做自己想做的事，那么你就必须态度鲜明，认准了的事不要轻易更改，并敢于承担不妥协的代价，坚信假以时日，不被牺牲的人格与原则一定会给你带来更任性的丰富人生。

任性地爱自己，即使别人并不觉得你可爱

某天下午，办公室里的三个女人，正演绎着一台"戏"。

胖乎乎的女孩 A 开心喝着下午茶，嘴里说道："呵，男朋友给买的，刚刚开车送来，知道咱们临时办公的地方偏，没有卖好吃的的地方……"邻桌的女同事 B 好生羡慕，唉声叹气一番，说："真幸福，怎么就没人给我送呢？"说完，转过头对着不太爱凑热闹的 C 说："看看人家，你也赶紧找个送爱心零食的人吧！"

对于这种问题，C 却任性地回答："不需要！"C 心里想说：为什么一定要找一个可以给自己买零食的人呢？我自己也可以去买，一个人的生活同样可以很富诗意、很灿烂。其实，恋爱、结婚都是顺其自然的事，若是非要等到那时再去体会幸福，那么之前一个人的时光岂不白白浪费了吗？

C 是这么想的，也是这么做的。30 岁的她，不觉得一个人的日子很孤独。情人节那天，多少女人看到成双出入的情侣心生羡慕，可 C 却很淡然，她给自己买了一盒巧克力，到电影院看了一场电影，过得也很有情调。平时工作劳累或心情不好时，她不会去期盼别人的安慰和关爱，

她会任性地给自己买一件漂亮衣服、吃一顿大餐，或者安排一次旅行，进而享受舒适、优雅、自如的生活。

评判一个人幸福与否时，大多人通常会以得到多少爱来衡量。殊不知，人的命运是自己经营出来的，学业、事业、家庭、财富等一切都把握在自己的手中。

人，一定要任性地爱自己。在这里你要明白，爱自己和爱别人并不矛盾。当你向内爱自己的时候，意味着你同时向外敞开了心扉。一个与自己疏远了的人，一个不关爱自己的人，在阻碍自己通往内心的同时，也关闭了通往世界的大门。而站在自己一边，自己爱自己，才是我们幸福的起点。

出生时由于医生的疏忽，台湾的黄美廉女士脑部神经受到严重的伤害，自幼就患上了脑性麻痹症，以致颜面、四肢肌肉都失去了正常作用。她不能说话，嘴还向一边扭曲，口水也不住地下流。但是黄美廉女士快乐地用手当画笔，画出了加州大学艺术博士学位，也画出了自己灿烂的生命。这里有什么人生秘诀呢？

一次演讲时，有个学生直言不讳地问她："请问黄博士，您为什么这么快乐呢？您从小身有残疾，您是怎么看待自己的、有没有过别样的想法？"

对一位身有残疾的女士来说，这个问题是尖锐而苛刻的，但黄美廉冲着这位学生笑了笑，转身用粉笔重重地在黑板上写下一句话：我已经够好呢！

接着，黄美廉又在黑板上龙飞凤舞地写道：

一、我很可爱！

二、我会画画、会写稿！

三、我的腿很美很长！

……

台下传来了雷鸣般的掌声……

在常人看来，黄美廉女士失去了语言表达能力与正常的生活能力，更别谈什么前途与幸福了。但是她本人呢？她没有因此自暴自弃、怨天尤人，而是任性地爱着自己。正是这种自信，带领她充满信心地努力、热忱地面对生活，最终走出了失意的困扰，散发出了高贵的生命气息。

任性地爱自己就是完全地接纳自己，不管我外表如何，拥有什么，相信我永远是值得爱的；爱自己就是坚守自己，爱自己的世界，依据自己的而非他人的价值观；任性地爱自己就是和自己建立一种同情、关心、理解和友好的关系；任性地爱自己就是有意识地学习，不断充实、丰富和提高自己，增加安身立命的筹码……

的确，你一天24小时都和自己在一起——整整一生都这样。没人能像你那样准确地读出你的思想、没人能像你那样细腻地感受你的感情……感受、认识并关爱自己，放弃自责和抱怨，克服焦虑和恐惧，我们的内心会变得温柔而坚强、宁静而智慧，由内而外地散发出一种深深的幸福。

所以，不论你漂亮与否，或学识高低，无论是遭遇阻碍，还是烦恼来袭，请从现在开始任性地爱自己吧。希望有一天，所有的人都可以用响亮的声音对自己也对别人说，"我爱自己、我很幸福，世界因我而精彩！"

要想有存在感，就要把自己活成爆款

曾经任新加坡驻美国大使的 Chan Heng Chee 女士，是一个气场非常强大的女人。举行各种晚宴的时候，只要她一出现，会场的焦点顷刻便会聚集在她一个人的身上，人们的目光一直追随着她，甚至很多人都情不自禁地朝她走去。Chan Heng Chee 女士穿梭在众人之间，任性地享受着众多的关心和尊重。

是 Chan Heng Chee 女士美丽性感吗？恐怕不是！要知道，她现在已经是一位六十多岁、满脸皱纹、步履蹒跚的老人了。不过，Chan Heng Chee 女士足够任性、足够优秀，她的打扮永远都是那么得体，她的谈吐足够风趣，她总是积极与在场的每一位朋友打招呼，这种朝气蓬勃的精神令人不禁心生好感。就这样，Chan Heng Chee 女士成了各种活动中公认的主角，人们对她的好感有目共睹。

相信，没有几个人不羡慕 Chan Heng Chee 女士这么光彩四溢的魅力，渴望在众人中脱颖而出，成为万人瞩目的对象。遗憾的是，不少人总是受人冷落、不被重视，一直默默无闻。

比如你正在讲话的时候，有人会自顾自地讲起自己的事，然后你会发现好像并没有人在听你讲话；比如你经常被组织或同事忽略，无论升职还是加薪都是被忽略或最后考虑的人选；比如你因心情不佳关机三天，再开机时会发现——根本没有人找你。

这是多么深的一种失落感，这种失落感仿佛在说，你并不被人们在意。你对于这个世界来说，并不重要。被关注是人类很深的一个心理需求，很多人似乎只有在被关注的时候，才有存在感。可能此时你会开始怀疑自己，是不是自己做错了什么、是不是自己真的很讨人厌，然后通过各种有意的动作、话语等来刷存在感。

其实这是很简单的一个问题，总是会被我们想得很复杂。一个人的存在感强弱，不在于外在的动作、话语等，关键在于你这个人。要想有存在感，就要任性地把自己活成爆款，真真切切地让他人看到和感知到，才算是真本事。

她是一个性格安静的女孩，各方面都很普通，是放在人群中不显眼的那种人。当时正值青春年少，身边的许多女孩每天热衷于打扮、逛街，她们时尚的样子更令她找不到存在感，常常不被在意甚至被忽略。但她毫不在意，她没有像她们一样变得时尚，而是任性地攻读专业书，每天起早贪黑，穿梭在教室、食堂和图书馆之间，日子很是枯燥。

她大学学的是建筑专业，后来在一家建筑单位工作，人们觉得女孩子在这个行业只适合在办公室工作，几乎没有人对她另眼相看。她比谁都清楚，在这个以男性占主导地位的行业里，如果不付出极大的努力和耐力，很容易就会被忽视。

当同事们聚餐、唱歌时，她任性地不参与这些活动，终日与密密麻麻的图纸和工具书打交道，而且经常顶着烈日去建筑工地，与男同事们一起搜集第一手的资料。她不仅任性地取消了所有看似平常的娱乐活动，休息的时间也是一缩再缩，她把节省出来的时间全都用在了工作和学习上。

多少个本该充满欢笑的夜晚，她一个人在昏黄的灯光下努力着。就这样，她成为了全集团最努力的女孩，用了不到十年的时间，从最底层一路走到了集团的高层，令周围的人纷纷对她刮目相看。

不久之后，她所在的集团公司竞标到一个很重要的大工程，而她则被任命为该工程的总工程师。得知这个消息之后，同行们都很讶异，一个三十出头的年轻女人，真的担得起这样庞大的工程吗？所有参与该工程的同行几乎都抱着这样的疑问，对她没有丝毫的信任和信心。

对此，她没有一句解释，只是默默地埋头工作。大家的担心其实也不无道理，毕竟这项工程规模庞大，问题自然也不会少，几乎每天都有层出不穷的麻烦，让人忙得连喘息的工夫都没有。为了解决问题，她每天都东奔西走，恨不得一天有48个小时来用。但她从未有过退缩的心思，任性地换下了所有的裙子和高跟鞋，比男人还要拼命。

整整三年，她把所有的时间和精力都投入到了这个工程项目中，每天都穿着行走方便的运动鞋和裤子，不怕苦、不怕累、不怕脏。

到了今天，依旧有很多人在为她和她的团队所建造的工程惊叹不已，她的名字叫陈蕾，而她所负责的那个万众瞩目的建筑杰作，名它叫"水立方"。

陈蕾开始是一个默默无闻的人，经常被忽略、被轻视，她是怎样增强了自身的存在感，实现了人生的逆袭？不是别的原因，就在于她任性地将自己活成了爆款，她所展现出来的能力是卓越而超群的，她在人群中的地位越重要，就越能获得更多人的喜欢，吸引各种不同的力量与机遇，成就自己。

当你受人冷落、不被重视之时，与其难过或抱怨，不如任性地展现自己的能力、发挥自己的特质、挖掘自身的潜力。具体来说，就是把"那就是我"改成"那是以前的我"；把"那是我的本性"改成"那是我以前的本性"；把任何妨碍成长的"我怎样怎样"，均可改为"我可以选择怎样怎样"。

相信当你的能力足够强，整个人又自信满满时，你的光芒是很难被掩挡的。

他有他的美好，你有你的精彩

一位先生是一家餐馆的常客，常来常往，渐渐地就和餐馆老板熟络了起来。

在一次就餐的时候，这位先生看到老板正在检验刚买回来的肉，就好奇地问老板："好肉都用来做什么菜？"老板答道："好肉自然要做最好的菜，比如牛排、鸡排，这些都是店里的招牌菜，用来吸引顾客。"这位先生又问道："那些边角处不好的肉又怎么处理呢？"老板回答说："虽然这些肉不能一盘盘直接端出来，但却能混在一起做成肉丸子，一样味道鲜美。"

先生若有所思。老板这番话，是做菜的技巧，同时也是生活的智慧。

我们常常听到有人抱怨，说自己活得不如他人任性，仿佛别人的日子就是用来做牛排、鸡排的"好肉"，而自己的日子却是不起眼的"边角料"，从本质上就已经输得一塌糊涂了。确实，在这个世界上，很多事情都是不公平的。有的人天生丽质，随便站在哪里都能成为发光体，而有的人却平凡无奇，丢到人海里拿放大镜都找不出来；有的人打出生时就含着"金汤匙"，拥有显赫的家世，有的人却一世孤苦，为了一顿饱饭忙忙碌碌，却甚至得不到合理应用报酬……

　　是的，这一切都是真实存在的，但你又能怎么样呢？抱怨能让你拥有和别人一样的好运气吗？即便你拥有了那些东西，你就获得任性的资本了吗？未必！

　　周沫就职于一家广告公司，每天看着周围的女同事们像时髦的花孔雀一样，她也总忍不住想让自己加入其中。有一回，一个同事背着新买的 LV 包包来上班，被大家围住狠狠夸赞、羡慕了一番，周沫心中也不免有些羡慕，想象着那些羡慕、嫉妒、恨的目光如果是在自己身上，那该多么有成就感。

　　回到家后，看着镜子里朴实无华、素面朝天的自己，周沫不免有些酸涩，虽然偶尔也会有人夸周沫是"清水出芙蓉"，但很显然，那些打扮艳丽，满身名牌的美女更引人瞩目，也活得更任性一些。

　　周沫的工资不是很高，但抵不过内心那股蠢蠢欲动的情绪，她还是高价买回了一堆颇上档次的东西。之后，周沫果然是焕然一新，化了新的妆容、穿上昂贵的名牌。虽然如愿地收获到了别人的羡慕和赞叹，但周沫却并不像想象中的那样高兴，反而觉得浑身不自在，就仿佛丢失了自我似的。后来，周沫把那些化妆品和名牌衣服都收了起来，任性地洗净铅华，换回了那个干净、清爽的自己，这时她才突然明白，只有最适合自己的才是最好的。

　　经历了这些事情后，周沫自己也想通了：自己的气质本来就比较素雅，偏要打扮得艳丽逼人，不仅失去了自身的真实，而且还会因不合适的东西而受尽煎熬。每个人都有属于自己的美好，最重要的是要学会肯定自我和欣赏自我。

　　萨特是法国著名的哲学家、文学家，虽然一直以来他的生活环境都比较简陋，但这并不妨碍他创作出不少优秀的作品。在这些作品中，字里行间都流露着法兰西的自由精神。萨特其实很富有，但他却从未试图用金钱来改变过自己的生活。外界的一切，不管是政治、权贵还是战争，对萨特都没有丝毫的影响，他一直沉浸于自己丰富而高贵的精神世界里。萨特死的时候，巴黎街道上站满了前来为他送行的人，他们都在感叹："一颗智慧之星从天空中陨落了！"

或许我们的觉悟无法与萨特相提并论，但他那种坚守自我的精神却是值得每一个人学习的。我们应当学会多关注自己，而不是总把目光放在别人身上。要知道，海鸟有属于自己的天空，鱼儿也有拥抱自己的海洋。别人或许有令人羡慕的不凡，但你又何尝没有自己的精彩呢？不要总想着处处与别人相比，多看看自己所拥有的一切，你自然能活得更自信也更开心。学会珍惜自己所拥有的，坚守自己的本心，这样心中自然也就少了不甘与埋怨。

人生短短数十载，别把宝贵的时间和精力都浪费在对他人的嫉妒与攀比上。要知道，玫瑰的艳丽令人荡漾，莲花的精美却也同样让人心折。无论发生什么，你的价值并不来源于你的出身和你的作为，而仅仅来源于你自身，你是珍贵而特殊的存在。所以，我们所需要做的，是任性地做最真实的自己。

当你有羡慕别人的想法时，不妨想想卡耐基告诫的幸福道理："发现你自己，你就是你，独一无二。记住，地球上没有和你一样的人……在这个世界上，你是一种独特的存在。你只能以自己的方式歌唱、只能以自己的方式绘画。你是你的经验、你的环境、你的遗传所造就的。"

保持自我本色，做真实的自己，才能成为别人眼里唯一的风景。相信，你也定会获得众人的肯定和欣赏，成为有资本任性的人。

人生是你的，你是活给自己看的

她出生在一个行医世家，父母对她一直都非常严厉，不管做什么事情，几乎都要经过父母的同意。这样的生活让她从小就养成了逆来顺受的性格。

高考过后，在填报志愿的时候，她原本想报外国语学院，但父母知道之后，便以就业形势严峻为由，要求她报读医科，将来到医院就职。她心里虽然不乐意，但却不敢忤逆父母，只得乖乖上了医学院。

学医并不是一件轻松的事情，当别人享受着轻松愉悦的大学时光时，她却一直在图书馆和解剖室之间往返。本来对学医就没有多少兴趣，又要这样辛苦，加上父母时不时施加的压力，她感觉自己活得越来越痛苦。

熬到毕业之后，父亲通过关系让她进入了一家二级医院。但令人失望的是，她在工作上一直表现平平，而她本人实际上也做得并不开心，只把这当作是一份养活自己的差事。

等到了谈婚论嫁的年纪，她结识了一位军官，互相都有好感，但却再次遭到父母的反对。最终，她依旧还是妥协了，和父亲朋友介绍的一位中医结了婚。婚后的日子平淡如水，柴米油盐，说不上什么好与不好。

在别人眼中，她的人生简直就是父母的翻版：从事着一样的职业，嫁给差不多的人，延续着行医世家的"传统"。

也有不少人羡慕她活得轻松顺利，她却只能勉强一笑，心中涌动着说不清、道不明的苦涩。回想自己的这些年，几乎没有任何一个重要的决定是遵从自己的意愿。她总是在照顾父母的情绪，按照他们的期望而活。多可笑啊，这人生，哪里像是自己的？她想上外国语学院、想出国，想和那个在摩天轮里和自己山盟海誓的军官恋人携手白头……但这些，都只能想想。

一些人的人生一直被安排，读书、工作、婚姻……一路被安排的人生不能说不好，至少不用考虑太多，只要按部就班地进行，也不会有太大的风险和挫折。可是习惯了被别人安排，不再有自己的主见、不再去抗争，不能按着自己的意愿而活，那活着又有什么意思？就这么被束缚，会甘心吗？

对于一个任性的人而言，生活是自己的，活给自己看，这才是最舒服的事情。

从呱呱坠地开始三十多年，楚门一直生活在一座叫海景镇的小城，他是这座小城里的一家保险公司的经纪人，看上去似乎过着与常人完全相同的生活。但后来，楚门吃惊地发现，自己居住的小镇其实是一个庞大的摄影棚，他是一部火热肥皂剧的主角，他生活中的每一秒都有上千部摄像机在对着他，每时每刻全世界都在注视着他。更可怕的是，他的亲朋好友和他每天碰到的人全都是演员，他身边的所有事情都是导演安排好的，甚至哪天晴天、哪天下雨都是安排的。

当得知真相时，楚门不只是有被愚弄的愤怒，还有不寒而栗的恐惧，他任性地决定立刻离开这里，去寻找属于自己的真正的生活。这时，这个肥皂剧的制作人、导演和监制大权于一身的克里斯托弗，告诉楚门他如今已经是世界上最受欢迎的明星了，他今天所取得的一切是常人无法想象的，如果他愿留在海景镇，就可以继续他的明星生活。如果他选择任性地离开，那么得一无所有。

是继续浑浑噩噩地过一生，还是走出去，过真正属于自己的生活，楚门毫不犹豫地选择了后者。他深深鞠了一躬，对着导演以及所有一直关注自己的观众说："假如再也碰不到你……祝你早安、午安、晚安。"然后他任性地走向身后那扇通往外面的门。

那扇门后一团漆黑，那是一个不可预知的世界，但楚门却没有回头。

这是美国电影《楚门的世界》里的故事。楚门为什么要不惜一切代价逃离海景镇？"我不需要完美的生活，但要真实；我不需要大量的财富，但要快乐。我将拥有一个属于我自己的，而非别人安排的人生！"也许楚门在剧中的这句话可以作为上面那个问题的答案。

记住，我们自己的腿脚，完全可以走出自己的路。每个人都有专属于自己的人生之路，周围的人只能给你意见。你只需有好的辨别能力，做出最利于自己的选择即可。走一条什么样的路、走多远的路、走路时的姿态以及走路时的心情，你完全可以任性地自己决定，你的幸福靠自己主宰。

第六章
趁青春尚在，让自己在某一方面无可替代

　　你在别人心里的位置，取决于你的不可替代。在这个人脉制胜的时代，可替代就意味着可能被淘汰。如果你在公司里可有可无、如果你在朋友圈里无足轻重、如果你对别人来说无关紧要，那么你就是失败的，而"失败"二字，将一直跟随着你。

不努力还什么都想要，不是任性是有病

有一个落魄不得志的年轻人，整天无所事事，揣着两只手东逛逛、西溜溜，天天作着中彩票奖项的发财梦。

每隔两三天，年轻人就到教堂祷告一番："主啊！我对你如此虔诚，请让我中一次彩票吧！"如此周而复始，但他一次也没有中。

时间长了，年轻人有点气恼了，祷告时抱怨说："主呀！只要我中一次彩票，我愿终生侍奉您。你为何迟迟听不到我的祷告？……"

这时，一个浑厚的声音回答说："我一直都在聆听你的祷告，可最起码你也应该先去买张彩票吧！"

故事中的这位年轻人成天想着中彩票，却一次也不买彩票，一点也不付出，即使上帝发善心真想帮助他，也是没有办法的。这个故事简单却富含深意，启迪我们，要想有所收获，就必须先付出。不努力还什么都想要，不是任性而是有病。

那些任性的人之所以有资本任性，不在于他们拥有多么好的际遇、多么强的能力，重要的是他们知道想要的一切只有靠自己努力争取才能获得。

　　他是个衣衫褴褛的孤儿，每天靠着别人的施舍过活。一天，他路过一处摩天大楼的工地，突发奇想地跑到那位衣着华丽的建筑承包商面前，请教他说："请问，我应该怎样做，才能像您这样拥有成功的事业，以及数不清的财富呢？"

　　看到这个莽撞的小乞儿，建筑承包商先是一愣，本不打算理会，但见他可怜兮兮的样子，心中不免有些同情，便认真地回答道："这样吧，我先给你讲个故事。有三个人，他们一起去开沟渠。第一个人举着铲子说，将来他一定要成为有钱的老板；第二个人则一直低声抱怨工作辛苦、报酬太低；第三个人只是一直默默干活，没有言语。多年之后，举着铲子的那个人依然在另一条沟渠旁挂着铲子畅想未来；总是抱怨的那个人因为虚报工伤而得以提前退休；而那个一直低头干活的人呢？他成为了一家建筑公司的老板。现在，你明白了吗？比起空想和抱怨，成功者更喜欢埋头苦干！"

　　见他依旧满脸困惑，承包商又指着工地上那些正在劳动的建筑工人说道："看到了吗？他们都是我的工人。我不可能记住每一个人的名字，甚至对很多人的脸孔都没有印象。但是看到那边那个穿着红色衣服，皮肤晒得通红的家伙了吗？他每天都比其他工人早一点上工，干活也比其他工人更卖力、更起劲一些。每天下工，他都是最后一个离开。过一会儿，我会走到他面前，让他成为我工地上的监工。我相信，以后他会更加努力、更加卖命，如果真的这样，那么很快他就会成为我的副手了。他就像当年的我一样，那时候，我比任何人都更卖力地工作，想表现得更好，于是我出头了，让老板注意到了我，升我的职、涨我的工资。等存够钱之后，我就开办了自己的公司。所以，只要多干一点、多努力一点，成为最突出的那个人，成功总会眷顾你。"

那次谈话让他触动很深，之后，他不再请求别人的施舍，而是开始捡破烂来养活自己。他很勤奋，起得比别人早，跑得比别人远，每天的收入自然也比别人多。之后，他把富余的钱用来买书，充实自己。他的勤奋好学最终打动了镇上一户膝下无子的殷实人家，那户人家收养了他，并供他上学。后来，凭借着不懈的努力和实干精神，他成为了一名非常成功的商人。

人生不会一帆风顺，也不会永远倒霉。顺利的时候，人容易迷失；倒霉的时候，又容易放弃。如何破解？才华和努力才是你成功的秘诀。要当人生赢家，少不了这两样。才华让人可以靠自己吃饭，努力则让人越活越好。那些令人艳羡的任性背后，往往都夹杂着汗水、泪水和坚持。

也许你出身低微，从小就体验到了自卑的痛苦；也许你能力平庸，一直饱受郁郁不得志的折磨。但只要你从现在开始，一点一滴地努力，相信通过不懈的积累，你终将改变自己乃至整个家族的命运。怕就怕，你本就一无所有，还不知道努力，那就只会居于人后，永远没有任性的本钱。

无可替代，你才拥有在职场任性的资本

周围的朋友总是不断告诫霞姐"要懂得巴结老板，才能步步高升"，但这些朋友晋升总是没有霞姐快。一年半的时间内，霞姐曾从一名小员工快速晋升为一家管理公司的主管，期间她从没想过在职场上还有巴结老板这种事，而且她可以任性地要求公司为她一个人独开先例，比如她每天下午需要早两个小时下班，去接孩子；公司安排加班时，如果她有其他事情，就会提出调班要求；她甚至要求公司出资在休息室加设了一张床，因为她要在那儿午睡。而这一切看似不合理的要求，公司都一一接受了，并且照办得妥妥当当。

所以大家都怀疑霞姐是职场政治的高手，其实霞姐从来不搞职场政治，应该这样说，她根本不知道职场政治是什么。在她看来，无论她提出的要求多么任性，只要能将职责内的工作做得漂亮，让领导知道了自身的价值就可以了。

的确，霞姐拥有坚实的管理基础。专业学习积累下来的关于管理的各种理论，她理解得已经很透彻了，所以无论是客户的咨询案例，还是公司内部讨论，只要涉及管理方面的问题，老板都会听她的意见。霞姐先后参与的大大小小的项目不计其数，凭借专业能力以及丰富的工作经验，她总能将工作做到最高水平。她不仅是公司不可或缺的重要人物，也是很多大公司想要高薪挖角四处寻找的人才，所以公司才肯照顾她的"任性"。

与之相反，同公司的另一位同事王曼就没有这么好的优待了。王曼几乎和霞姐一同进入公司，但她专业能力不足，做事又比较马虎，几乎看不出她相比于其他同事有什么过人之处。换句话说，她对于公司其实是可有可无的，有她没她其实大同小异。结果她不但没有像霞姐一样被重用，而且先后被调整了五次岗位，从 A 部门调到 B 部门再到 C 部门，甚至有段时间只能拿实习生等级的工资。

为此，王曼感到痛苦不堪，也经常抱怨连连，可她从来不敢向老板提出加薪的要求，更别提像霞姐一样任性地提出个人要求了。毕竟想挤入那家公司的人那么多，而她没有什么本事，可以轻而易举地被取代，能保住现有的岗位就谢天谢地了。

可以看出来，王曼和霞姐在公司的待遇比较起来，可谓是一个天上一个地下。为什么会出现这种差异？就在于霞姐具有无可替代的价值。她的本事决定了老板会包容她的任性、会尊重她对公司提出的种种要求。

很多人抱怨自己在单位处处委曲求全，不敢任性，做了许多事情，却依然收入不高，得不到升职加薪的机会，说到底，这其实就是因为老板并不是非要你不可。也许你是个好员工，但绝不是那个可以委以重任、独当一面的好苗子，你太过平凡、太过普通，随时都有可能被招聘到的新人所取代，并且成本并不高。

所以，要想在职场拥有任性的资本，你就要做到无可替代。也就是说，你需要拥有一些核心竞争力的技能，你要在自己负责的工作范围内找到那个至关重要的环节，也许这个环节就会让你成为单位无可替代的人，让老板对你产生一种依赖感和信任感，让他意识到失去你将会是一笔很大的损失。

虽然这种无可替代不是绝对的，但我们至少应该证明自身有可利用的价值。如果老板再培养一个人或者另外找人替代你的话，需要付出更高的时间成本和经济成本，如此一来，当你提出升职、加薪等要求，甚至一些比较任性的要求时，老板考虑到你对某块业务或技术有不可替代的作用，自然会满足你的要求。

为此，你需要时常追问自己："你在所在的公司是那个不可替代的人吗？""你有哪些不可取代的技能说服公司留下你？""你目前的岗位，换作别人能做吗？能做得和你一样好吗？"记住，想要别人给你特权、想让老板或领导对你宽容，让你任性地生活，那么你首先就要向他们证明，你值得！

职场上的大神，都是某一方面的能人

在广州市区的一家国际大饭店里，有这么一个很不起眼的小伙计，他既不会炒菜，也不会做饭，只是给大厨打打下手，做一些择菜和洗菜的工作，有时帮忙端盘子上菜。不过他却任性地提出了大厨级的工资，而且老板还同意了这一要求。为什么这个小伙计可以拿到高薪？因为他有自己的一手绝活，就是做苹果甜点。这个不起眼的小菜酸甜可口、营养丰富，深得那些女食客们的喜爱，甚至有人为了能吃上这款甜点还在这个饭店里租了一套客房，进而给饭店带来了可观的利润。

孙燕是某一培训公司的文案，她学历不高，经验也匮乏，却敢任性地和部长"叫板"，而且经理每次做培训都会带上她，让她在同事面前风光无限。一开始其他同事有些不服气，难道就因为她 PPT 页面做得好就要如此任性？对此，经理说："她做 PPT 的水平很高，每次去企业做培训客户都很满意，这就是她可以任性的资本。你们认为 PPT 没难度是吧？那你们为什么做的没她好？你们以为做 PPT 只是无聊的展示材料，这里面需要多少对业务的深入理解、清晰的逻辑思维、高水平的审美，不然我们为什么动辄雇 MBB 花上千万搞个项目？"

由此可见，敢在职场上任性的大神，都是某一方面的能人。

现在的社会是人才涌动的，在金融危机的压力下，社会上大量的人失业、待业，一个人要想在社会上立足，那就必须得有一技之长。老一辈的人经常提及"一技之长好防身"，意思就是说，不管身处在哪个行业，如果一个人有技能，有一技之长，那么最起码不会饿肚子、不会找不到工作。

想在职场上任性而活，却没有一技之长，这是很多人的悲哀。为此，你需要全方位地审视自己，发现自身与众不同的独特优势，或在 1 ~ 2门专业上有独到的技术和见解。当你真正拥有了一技之长，这就足够你在职场上纵横驰骋，令你有任性的资本。正所谓，招数不在多，制敌即可。

有位大侠赫赫有名，慕名前来的挑战者众多。一日来了一人，大侠问对方过去都练过什么，那人说自己过去十年练了十八般武艺。

大侠微笑，不消几下就将那人打垮了。

一日又来一挑战者，大侠依然问他过去都练了什么，挑战者说我过去十年什么都没练，就用心练了一个铁头功。

大侠一听，二话不讲，俯首认输。

这个故事告诉我们，一个什么都会一点的人，就等同于什么都不会。而掌握"一门绝技"，你就是不可战胜的高人。

这个世界是不平等的，因为每个人出生后，拥有的东西都不一样，家庭、背景、资源等。但是它又是平等的，因为这个世界的运转规律很简单。你能够为他人创造价值，你就能获得相应的回报。而你能为他人创造价值的依托，就是你的一技之长，也就是你拿得出手的本事，这是你可以任性的本钱。

人生真正有价值的东西，是质量，而不是数量。

我们再来翻翻《财富》世界 500 强企业的发展过程，物流快递类第一名是 UPS 公司。UPS 发展到今天，脑子里只有一根筋——用最快的速度把包裹送到客户手中，如此就把业务做到了全世界；世界第一强、零售业的老大——沃尔玛自始至终只做零售业，钱再多都不买地，从不去做房地产，只走一条路；沃伦·巴菲特专做股票，很快便做到了亿万富翁；乔治·索罗斯一心搞对冲基金，结果成了金融大鳄……

人无我有，人有我优，身怀绝技，走哪儿都有任性的资本。问问自己，在未来的 10 年甚至几十年职业生涯里，你是否有与众不同的技能，能够让你在未来的发展中立于不败之地？如果还没有，选择一样自己擅长或者喜欢的事，全身心地投入，坚持不懈地训练，早晚有一天你便能可以任性而活。

仅仅是为钱去做，算不得是好工作

杨剑在一家机械制造厂工作了整整 10 年，是亲戚朋友间工作最稳定的一个。他每天按时上下班，早八晚四，拿着固定的工资，十年如一日，从没换过工作。工资固定、有吃有喝，一开始杨剑对这样的状态满意极了。但近年来厂子效益越来越差，陷入产量越高亏损越大的怪圈，杨剑的工资开始"缩水"。

杨剑整天抱怨赚钱少、发展难，抱怨自己混得不好。有人问杨剑有没有想过换一种生活，他点点头又摇摇头，说："我在这个岗位上工作了 10 年，现在换工作有些太任性了。这份工作很稳定、有保障，而且别的工作太有挑战性了，恐怕我也吃不消，所以不敢任性地辞职，更不敢换工作！"

后来，厂子因效益问题准备裁员，不幸的是，杨剑的名字就在裁员名单上。自此，他时常借酒消愁，婚姻也跟着亮起了"红灯"。

与类似杨剑的经历很可能发生在任何人身上，也许就是你、我，或是办公室、教室、学术研讨会上的任何一个普通人的头上。我们卑微地一心只为争取一个满足温饱的饭碗，不去讨论理想、世界、尊重等，更不谈及个人价值的存在，觉得那样太过任性。我们以为这样可以安稳无忧，却发现已悄然向生活举起了"白旗"。

物欲和享受永远不该成为人生的最大追求，人活一世，最重要的应当是自我价值的实现，而这也正是人与动物最大的区别所在。对我们来说，工作不仅仅是一种赖以生存的手段，更重要的，它还是我们实现自我价值的重要途径。工作会促使我们不断提升自己的专业技能，工作经历也会不断丰富我们的人生经验、教会我们如何更好地为人处世。而这些，都将成为我们未来事业和整个人生的重要坚石，同时也是我们任性的资本。

在2015年乔治·华盛顿大学的毕业典礼上，苹果公司的首席执行官蒂姆·库克发表了激动人心的演讲，他说道："年轻的人们，价值观对于你们的人生来说是非常重要的，它就像'北极星'一样。人这一生，一定要找到属于自己的'北极星'，它将指引着你们走向更有价值的地方，千万不要把宝贵的生命浪费在一份只求温饱、庸庸碌碌的工作上。"这一番话不仅仅是对毕业生的诚挚建言，更值得所有人思考、品味。

在人生的不同阶段，人会有不同的追求，但无论什么时候，我们都不应该仅仅为了钱而工作，而该为自我价值而努力。当一个人能在工作中不断实现自我价值，那么就能保障自身的生存和个人的发展，最终也就可以任性地驰骋职场。

吉姆·墨菲和安德森同在一条铁路线上工作，他们负责铁路路基的安保工作，每天都需要穿着老旧的工装，不停地沿着铁路线进行检查。只不过，安德森只是为每小时1.75美元的薪水而工作，经常私底下偷懒；而吉姆·墨菲却把工作当成自己的事业一样认真做。当安德森抱怨工作辛苦、薪水低而怠工时，吉姆·墨菲却尽心尽力地在工作，默默积累工作经验，并自学管理知识。

安德森经常说吉姆·墨菲太傻了，劝他像自己一样应付工作就可以了，但吉姆·墨菲却任性地我行我素，说自己并不是单纯为了钱而工作："公司并不缺少打工者，缺少的是既有工作经验又有专业知识的技术人员或管理者。我不光是为老板打工，更不单纯是为了赚钱，我是为自己的远大前途而打工。"

几年后，安德森依然是一名普通的铁路工人，而吉姆·墨菲却成了墨菲铁路公司的总裁，一个可以呼风唤雨的任性人物。

生命需要的不仅仅是温饱，而是找到自身价值所在。

请不时地问问自己：在当前的工作岗位上，你能发挥多少能力？你能贡献多少能力？你的价值能得到体现吗？趁青春还在，积极而认真地去工作、去体现自身的能力、去提高自我的价值。当你朝着这一正确的方向前进时，即使不能干出一番惊天动地的事业，也可以多多少少争取到任性的资本。

找到你的优势所在，这是高性价比的投资

徐科是一家知名化工厂的技术人员，他理论功底扎实、工作经验丰富，厂里每次遇到解决不了的技术难题，第一个就会想到向他求教，而他每次都不负众望，总能顺利地解决那些棘手的问题。同事们都戏称他为"徐大师傅"，领导对徐科也非常器重，给了他很好的薪资待遇，这令徐科一度春风得意。

但是后来徐科觉得自己不该一直只搞技术，而应该做一做管理工作才行，毕竟管理层的地位更高，而且工作比较轻松。正好，厂里人力资源部门的一位主管退休了，徐科听到这个消息非常兴奋，于是积极地向领导提出了岗位转调申请。虽然领导再三劝说徐科要三思，管理工作不是谁都能做的，但徐科再三保证自己会努力做好这份工作的。最后领导妥协了，答应让徐科试试看。

到了人力资源部以后，徐科感到意气风发，充满了干劲。然而上任一周之后，他明显发现自己根本不是这块料，每天对着一堆材料急得抓耳挠腮，根本不知道如何下手。他的下属都眼巴巴地等着他的号令，他

却连自己的事情都安排不了。结果是，整个人力资源部像瘫痪了一样。

徐科还算理智，赶紧找到领导说明情况，又调回了原来的部门。在技术部门，徐科又恢复了如鱼得水的工作状态，还是那个人人尊敬的"徐大师傅"。

对于徐科而言，原本最适合他的是技术工作，他却非要去管理部门，结果不能胜任，搞得部门趋于瘫痪，自己也灰头土脸。好在他及时认识到了自己的问题，又回到了最适合自己的岗位，只有在这个岗位上他才能发挥出自己最大的能力，为厂里创造最大的效益，最终实现自己的价值。

所以，一个人要想在职场上多些任性，首先就要找到自己的优势所在。要知道，最能令你任性的工作岗位，不一定是最好的，也不一定是最高的，而是最适合你自己的。即使一个位置不算好，但只要是你的优势所在，就是适合你的，你就可能比别人做得更快、更好，进而迎来改变命运的良好契机。

在这一点上，爱因斯坦的一个事例或许是最好的证明：

物理是一门很枯燥、很复杂的学科，但爱因斯坦却深深地爱上这门学科，常常沉醉于物理实验而忘了吃饭。20世纪50年代他曾收到一封信，信中邀请他去当某一国家的总统。当总统是很多人梦寐以求的事情，但爱因斯坦却任性地拒绝了。他在回信中写道："我整个一生都在同客观物质打交道，因而既天生缺乏才智，也缺乏经验来处理行政事务及公正地对待别人，所以本人不适合如此高官重任。"

拒绝了总统的工作后，爱因斯坦继续把自己的精力投入到科学研究上。很多人为爱因斯坦感到惋惜，认为他再怎么做也不过是科学家，地位和身份比不上总统。但最终，爱因斯坦发现了光量子说、分子大小测定法、布朗运动理论和狭义相对论等，这些成就"石破天惊，前无古人"，震惊了世界。爱因斯坦因此被公认为是继伽利略、牛顿以来最伟大的物理学家。1999 年 12 月 26 日，爱因斯坦还被美国《时代周刊》评选为"世纪伟人"。

爱因斯坦是任性的，他拒绝了很多人梦寐以求的总统之位。爱因斯坦是明智的，他的智慧不仅在于他发现了相对论，还在于他知道自己能做什么，不能做什么。他深知自己的优势所在，一生都在最适合自己的位置上，在自己的最佳领域——物理界孜孜以求地工作，进而书写了任性而辉煌的传奇。

找到自己的优势所在，这是高性价比的投资。

如果你勤奋异常，但仍对自己所在的行业感到吃力；如果你努力工作，但仍在自己的岗位上无所建树。不用过于沮丧，也许你只是没有找到自己的优势，找到自己擅长的位置。这就需要你全面、深入地了解和发掘自己，了解自己的优势和不足、个人能力以及满足哪种工作岗位的要求等。

你可以拿出一张纸，仔细思考以下问题，并将要点记录在纸上：

你喜欢的工作是什么，你希望从中获取什么？

你最擅长处理哪些问题？最不擅长处理哪些问题？

⋯⋯

正如许多分类一样，以上分类无好坏之分，只是为了帮助你清楚地认识和了解自己，并据此把注意力集中在自身优势上，进而让自己变得无可替代，拥有可以任性的资本。例如，如果你是擅长形象思维的人，那就从事文学艺术方面的职业和工作；如果你擅长逻辑思维，那最好选择哲学、数学等理论性较强的工作；如果你擅长具体思维，那么不妨从事机械、修理等方面的工作。

如果你能做到这一点，那么你早晚会有一番作为，任性也就是水到渠成的事！

得寸进尺，永远争抢"第一名"

刘珺的家在西部山区的一个偏僻的农村，虽然家境一般，也没有什么突出的技能和才华，但刘珺却是个非常好强的人，任性地想要成为一个顶尖人物。从小学到大学，从各种小测验到重大考试，每一次的成绩刘珺都非常在意。

就说大学时，许多人都开始放松玩乐，而刘珺却一直早出晚归，不是在图书馆看书，就是在自习室自习，恨不得年年都拿最高分。在很多大学生眼中，"不挂科"就是圆满，但刘珺却一直任性地要求自己得高分、得第一名。而她所付出的努力也确实收到了回报，每一年的考试她都牢牢占据榜首，拿最高奖学金，俨然就是别人眼中的"学霸"。

军训的时候，教官问有没有人自荐做领队，第一个主动站出来的就是刘珺，她还任性地提出要做"标兵"。那时候的刘珺，军姿站得不标准，声音也不够嘹亮，跑步成绩更是惨不忍睹。但即便如此，她依旧任性地把"标兵"作为了自己的军训目标。那段时间，同学们还在睡梦中，她就已经早早起来到操场上练习军姿；结束训练，大家都累得瘫倒在床上，她却还在不停地练习叠被子……军训结束之后，刘珺还真以突出的表现被评为了"标兵"。

正是这样一个任性的刘珺，在毕业之际，当其他人还在为找一家合适的实习单位而一筹莫展的时候，她就已经因为极其优秀的综合素质被一家大企业聘用了。

如果有人问："世界上最高的山峰是哪一座？"

相信大多数人都能立即给出答案："珠穆朗玛峰。"

但如果再问："世界上第二高的山峰又是哪一座呢？"

能回答出的人大概凤毛麟角，即便是在书本上也很难找到记载。

第一与第二之间究竟差了多少？一场马拉松比赛中，第一名与第二名之间，可能仅仅相差几分钟或者几十分钟；一场百米竞赛，第一名与第二名之间，可能仅仅间隔了 0.01 秒。差距看似微小，但其背后的意义却是不可同日而语的。所以，对于一个任性的人来说，无论做什么事情，目标都只会有一个，那就是争抢"第一名"。

当然，争抢"第一名"并非虚荣功利，更不是像被打了鸡血般与别人盲目厮杀，而是一种积极进取的做事态度，是把事情做到最好。这会激发你的斗志，鞭策你一直向前，把你的能力发挥出来，把你的潜力激发出来，这正是一个人优秀的根源，也是任性的根本所在。

事实上，许多人的能力都是差不多的，别人不比你聪明多少，你也不比别人笨多少。所谓的差距，其实是在成长过程中拉开的。那些时刻争抢"第 1 名"的人，就像天下第一的剑客一样任性，他们永远不会停止思考——如何让功力更上一层楼？如何战胜下一位挑战者？如何保住第一的位置？在这种任性的坚持下，他们怀着强烈的渴望，不懈地付诸努力，最终称霸天下。

　　所以，如果你不想一辈子平庸无奇，如果你渴望在职场上可以任性，那就永远争抢"第1名"的位子吧。"欲戴王冠，必承其重。"既然选择要戴上一顶"王冠"，就不能抱怨它压在头顶的重量。必须承受更大的压力；必须做出更多的努力；必须唤醒自己一往无前的勇气和争创一流的精神。

　　请相信，你越努力，越优秀，才能越任性。

第七章
你可以败给人，但绝不能输给自己

　　你操控着自己的命运，你是自己的贵人，也是自己的敌人。你可以让自己堕落，也可以令自己清醒；你可以让自己倒下，也可以督促自己奋进。对于生活，你有权利选择不同的态度去对待，但如果你选择了积极，并做出积极的努力，你就能活得大不一样。

混日子的人，有什么资格说别人活得任性

贞观年间，有一匹马和一匹驴子生活在一起。马在外面拉东西，驴子在屋里推磨。后来，这匹马被玄奘大师选中，出发前往西域的印度取经。

17年后，这匹马驮着佛经回到长安，它重到磨坊会见驴子。老马谈到这次旅途的经历：浩然无边的沙漠、高入云霄的山岭、凌风的冰雪、热海的波浪……那种神话般的境界，让驴子听了大为惊异，惊叹道："你有这么丰富的经历，你真伟大。我每天都忙忙碌碌，不得一刻清闲，却什么都没有。"

"其实，"老马说，"我们跨过的距离大体是相同的，当我向西域前进的时候，你也一步没有停止。不同的是，我同玄奘大师有一个行动计划，始终按照这个方向前进和努力，所以我们进入了一个广阔的世界。而你一生就围着磨盘打转，整天过得浑浑噩噩，所以永远也走不出这个狭小的天地。"

在我们身边不乏一些人能力也不差，却没有任性的本钱或资本，为什么？这在于他们中的大部分人对工作缺乏责任感，做一天和尚撞一天钟，每天浑浑噩噩地混日子。这种人也许一生都不会犯错，但是加薪和

升职的好事绝对不会发生在他们身上，他们大多会在卑微的工作岗位上耗尽终生的精力而毫无成就。

公司里混日子的人，最终伤害的是自己！你混日子，就是日子混你，你自己是输家。

所以，每当你以公司待遇低、福利差为借口懈怠工作时，不如追问自己一番：你为公司创造了多少价值？提供了多少服务？倘若你一直浑浑噩噩地混日子，为公司创造的价值少、付出的劳动少，那就不要抱怨公司的待遇差，更无须艳羡他人的成就。因为混日子的人，根本没资格活得任性。

大学毕业后，肖欢和任力同时就职于一家广播电台，担任技术专员。两个人学历背景所差无几，可一年后肖欢晋升为组长，任力却被辞退了。为什么？

原来肖欢是一个积极做事的人，他每天热情洋溢，对工作任劳任怨，不论是做总结、上报材料还是跑腿打杂，他都做得尽心尽力。记不清有多少次，大家都下班了，他还在办公室加班，困了也只是在办公室的沙发上眯一会儿。而任力则认为努力工作一天也是活，混一天也是活，最终工资也不会少。何苦将自己弄得苦兮兮的呢？他每天机械地上班下班，总是消极怠工，趁老板不在就在电脑上玩游戏、聊天等。

有一次，台里从德国进口了一套先进的采编设备，比现用的老式采编设备高出好几个档次。台长把这两个年轻人叫到办公室，说："台里新引进一套数字采编系统，我希望你们能好好研究一下。"肖欢和任力一看说明书居然全部是德文的，顿时蒙了，毕竟他们之前对德文一窍不通。这时，任力面露难色地说："这说明书都看不懂，我刚毕业没有经验，我怕把设备搞出毛病来。"

肖欢虽然心里也没底，但他知道以前不懂德语不代表以后也不懂，现在不学的话以后就永远也不会，于是他当即积极地接下了任务。之后，他夜以继日地忙碌，通过请教大学教师、上网查阅资料、查字典等方法将说明书翻译成了中文；在摸索新设备的过程中，他有很多不明白的地方，但在一个月的时间里，他通过电子邮件向德国厂家的技术专家请教，最终熟练地掌握了新采编设备的使用方法。在他的指导下，同部门的同事们也都很快就学会了。

就这样，肖欢做得多、学得多，同事和老板对他的好感度也越来越高，大家也自然乐于给他更多的好机会，升职加薪也是顺理成章的事。而任力做得少、学得少，自然成了多余的人，被开除在所难免。任力总是羡慕肖欢比自己运气好，殊不知，这一切皆是因为肖欢下了功夫，他的收获和投入是成正比的。

由此可见，你的工作态度决定了你的人生态度；你在工作中的表现决定了你在人生中的表现；你在工作中的成就决定了你在人生中的成就。也就是说，对工作负责也就是对自己的人生负责。一个人只要对工作负责、对公司的利益和成长负责，不仅能够实现自身的发展、在工作中崭露头角，而且比别人更容易获得加薪和晋升的机会，为成功的事业、任性的人生奠定坚实的基础。

因此，当你下定决心改变自己的工作境况和人生境遇时，要摆脱混日子的心理，对所从事的工作有一个清醒的认识，努力培养自己负责任的精神，多问自己"我做得如何""我是不是尽到了责任"，绝不轻率地对待自己的工作，时刻保持强烈的责任感，相信你付出得越多，就越有本事任性。

与自己对抗，你会变得大不一样

麦克原本是一位再平凡不过的美国青年，但在 37 岁的那一年，他却突然做出了一个任性的举动：放弃厚薪高职，把身上所有的钱都施舍给流浪汉，带着几件换洗的衣服，和未婚妻匆匆告别，然后便徒步踏上了前往加州的旅程。他将要独自横穿美国，前往东海岸北卡罗来纳州的"恐怖角"。

在此之前，麦克从来都不是一个任性的人，但有一天，他脑海中突然闪现出了这样一个问题：若死神突然降临，告诉我我的生命今天就会走到尽头，那么我是否会感到遗憾呢？结果，心中的答案让麦克非常震动，他突然意识到，虽然自己已经拥有体面的工作、美丽的未婚妻、关心自己的朋友与家人，但他这辈子却从来没有真正遵循本心做过一件任性的事情。他的生命就如同一条平直的线，没有起伏，缺少波澜，几乎没有什么值得骄傲的回忆。

没有历经过磨难，也不曾挑战过恐惧，这样的人生真的是自己想要的吗？麦克不停地问自己，他听到自己的内心在叫嚣，为自己懦弱的前半生感到愤怒和难过。在过去的几十年中，他所惧怕的东西实在太多了，怕蛇、怕蝙蝠、怕幽灵、怕荒野……那些恐惧总是缠绕着他、阻挡着他，把他的人生紧紧束缚起来。

"我不能再这样下去！"有了这样的信念之后，这个懦弱了三十多年的青年终于踏上了征程。他把令人闻风丧胆的"恐怖角"定为了这次旅程的目标，希望能够通过这样一段特别的旅程来战胜生命中的恐惧。

在历尽千辛万苦，吃了数十顿野餐，迷了数百次路，接受了上百个陌生人的帮助之后，麦克终于抵达了他的目的地"恐怖角"。在这段旅途中，麦克没有接受任何金钱的馈赠，靠着自己的勇气和力量，与黑夜做过伴，面对过电闪雷鸣，甚至还曾为了求得一夜的住宿而给陌生的游民打过工。

真正抵达"恐怖角"之后，麦克才发现，原来"恐怖角"一点也不恐怖。16世纪的时候，一位探险家来到这个地方，并给它取了一个名字，叫作"Cape faire"。在漫长的岁月中，这个名称渐渐被人们误传成了"Cape Fear"，"恐怖角"的名称就是这样得来的，一切不过是个误会罢了！

发现这个"秘密"之后，麦克顿时豁然开朗。一直以来，自己的恐惧不就正像是这"恐怖角"一样吗？以为有多么可怕，但实际上不过是一场误会罢了。想通了这一点之后，麦克心中涌起了无限的勇气，成为了一个真正的勇者。

每个人都有害怕的事情，如害怕在公共场合出丑而不敢当众发言；害怕会被水呛到就不敢潜入水中练习游泳；害怕做事情的时候别人会嘲笑而不敢去做；害怕晕车而放弃一次美好的旅行，等等。很显然，由于被这种恐惧感所纠缠，许多人不敢任性而为，由此也失去了很多机会。

然而一个事实是，所有的恐惧都来自于想象，你所恐惧的东西也许正是你的潜能所在。当你勇敢挑战内心害怕的事情时，一切障碍都将烟消云散。换句话说，一个人只有首先战胜自己的恐惧感，从内心真正地勇敢起来，才可能具备轻视、蔑视，甚至是无视种种艰难险阻的勇气，进而成就任性的人生。

在朋友们眼里，黄薇似乎是一个无所不能的女人，因为无论是职场中还是生活中，就没有她办不到的事。她一口流利的英语，获得过市级游泳比赛冠军，总是不经意就惊艳众人。当别人问及她成功的原因时，黄薇说："这一切，都源自我会任性地与自己对抗，越害怕什么我就越尝试什么。当一个人内心强大到可以战胜一切恐惧的时候，就无所谓失望了，因为人在哪儿，希望就在哪儿。"

黄薇大学学的是英语专业，那时她是宿舍英语水平最差的，尤其是口语，说得不洋不土，舍友们经常会开她玩笑，有时也会为黄薇好，让她多说，帮她纠正。但那时候黄薇总害怕别人嘲笑自己，一直不愿意当众说英语，结果因为外语成绩差，错过了几次好的工作机会。黄薇痛定思痛之后，决定改变自己。她先是在网上交了几个国际朋友，坚持每天和这些朋友语音聊天，听不懂的话就反复听，并诚恳地向大家求教，渐渐地她的英语水平提高了。由于外语交流能力强，黄薇如愿进入了一家外企，在那些海外客户面前毫无惧色，谈笑风生。"现在我更敢说英语了，要是我早一点觉悟，或许现在会更好呢。"

这件事情对黄薇启发很大。与自己的恐惧感对抗，人生会变得大不一样。

三年前第一次看到大海时，黄薇特别想学会游泳，但她害怕被水呛，害怕穿泳衣的尴尬，害怕别人嘲笑。后来她决定任性一次，她大胆地穿着泳衣出现在游泳池，结果发现，这些事情都没有发生，没有尴尬，没有嘲笑。黄薇一开始对水有点恐惧，不敢闭气下去，但是慢慢地尝试闭气以后，两个小时左右就可以憋气游泳了，用了两天的时间，可以坚持游七八米了。为了学会游泳，她喝了很多池水、被水呛了无数次，但是她游得越来越好了。和她一起开始学游泳的一位女士，因为害怕呛水，至今还未学会游泳。

不要让没来由的、荒谬可笑的恐惧囚禁了你的潜能，也不要再让自己输给莫须有的假想。任性地去做那些令你向往和在意的事吧，比如勇敢地向心爱的人表白，在年终酒会上主动与人搭讪，主动向领导汇报你的工作进展，甚至去换个从未尝试过的发型……这都是你克服恐惧心理的良好开端。

任性的人生必须经历与自己对抗，害怕什么就去做什么。通过这种对抗，你会获得一种全新的力量，并会惊喜地发现，你蜕变成了全新的自己。

对自己狠点，自律是为了更多的随心所欲

两年前，贺伟成了"北漂族"中的一员，历经两个多星期找到了一份工作。每天的工作很轻松，而且薪酬也不低。办公室里都是上了年纪的大妈大叔，每天谈论的话题无非是谁家的孩子要了二胎、东二街菜市场哪家的蔬菜和水果最新鲜、楼上财务部的某个阿姨上个月离了婚，等等。

最初，贺伟也和其他同事一样懈于工作，关注东家长西家短。但很快他就发现，这样的生活和工作一团乱，既不能在工作中找到满足，又实现不了个人价值，他根本不敢想象如果再这样下去人生会是什么样子。更糟糕的是，每当看到其他同学有的创业成功、有的成为领导时，他更觉煎熬。因为他想像他们一样随心所欲地做事，但却没有那种资本，能力不足，魄力也不够。

为此颓废了许久之后，贺伟痛定思痛，决心洗心革面好好做人，狠狠地改变自己。接下来，贺伟开始积极尝试着融入自己的工作；开始逼着自己在工作上精益求精，力求把每一件事做到最好；逼着自己没日没夜地工作，哪里有不足就狠狠地给自己加加油；逼着自己迎着生活的暴

风雨前行。

虽然那段时间过得很艰难，但由于工作出色，贺伟渐渐得到了领导的赏识，并得到了重用，工资翻倍。而后几年，贺伟继续努力工作，积累了丰富的经验，能力也大大提升了，最终任性地辞职，开始创业。

每个人都想随心所欲地做事，不受任何限制；但如果一个人不能自我控制，也就是自律，肯定是不能成就自我的，甚至还会迷失自我、失去自我。正如诙谐作家杰克森·布朗所说："缺少了自律的才华，就好像穿上溜冰鞋的八爪鱼，眼看动作不断可是却搞不清楚到底是往前、往后，或是原地打转。"

对此，在《意志力：关于专注、自控与效率的心理学》这本书中，有这样一段话——"最主要的个人问题和社会问题，核心都在于缺乏自我控制：不由自主地花钱、借钱，冲动之下打人，学习成绩不好，工作拖拖拉拉，酗酒吸毒，饮食不健康，缺乏锻炼，长期焦虑，大发脾气。而缺乏自我控制，必导致一系列人生悲剧：身材变形、罹患疾病、失去朋友、被炒鱿鱼、离婚，坐牢……"

可见，你要想随心所欲地生活，首先就要学会必要的自律。这里，自律代表了一个人内心的秩序和对生活井然有序的遵从。它以强大的意志力和坚持力作基础，这也意味着，我们要有意识地控制自己、有原则地对待事物、有目的地去做事情。那些有资本任性的人，一定都遵守着自律的原则！

她是一名舞者，年龄五十有余，却依然活跃在舞台上。凡是见过她跳舞的人都会感叹她舞姿的灵动，同时惊问为何到了发福的岁数她却仍然不胖？她是如何保持她的"苗条"的？一次接受记者采访时，她道出了自己的食谱："早上9时喝一杯盐水；9时至12时喝三杯普洱茶；中午 12 时吃午餐，内容是一小盒牛肉、一杯鸡汤和几个小苹果；晚餐只有两个小苹果和一片牛肉。"这就是她一天的食量，并且是在高强度、不间断的舞蹈训练时所食用的全部东西。

二十多年来，她坚持不吃米饭，因为她认为碳水化合物较难消化。只要有演出，之前她肯定不吃东西、不喝水，理由是："因为人只要一吃饭一喝水，不管有多瘦，胃就会鼓出来，不好看。"尽管吃得如此少，但她却比较注重运动，除了每天练习三四个小时的舞蹈之外，她至少会做小腿伸展运动 10 分钟，走路或站立 2 小时，每周至少做 3 次有氧运动。

记者关切地问："饿不饿？"

她笑着答："你看我还不是照样跳舞，从没有倒在台上。"

看到此处，一个词跃然而出：自律。

她已经通过理智的分析，把自律意识融入自己的血液了，无论是控制饮食，还是坚持运动，她自然而然地照做。而做到了这样的自律，任何人都不会长得胖。所以，哪怕她已经成为一名中年妇女，依然青春、美丽、清瘦，有仙姿、有灵气，依然是一个精灵，任何人与之相比，都多了一层油腻的俗气。

越自律，越自由。所以，当我们确定一件事或者确立一个目标时，不妨对自己狠一点，以严格的自律要求自己，甚至可以任性一点，不要给自己留余地、不要给自己想退路。身处绝境，没有后路，就没有退缩，就没有放弃和妥协的理由，就能鼓起奋力一搏的勇气，激发出创造奇迹的力量。

雨果是法国著名的作家，有一段时间，他染上了贵族吃喝玩乐的坏习惯，浪费了不少时间在玩乐上，甚至对自己的工作产生了影响。为了能顺利在规定的期限内完成创作，雨果便把自己出门穿的衣服全部都锁在了柜子里，然后又把自己反锁在房间里。为了避免自己意志力不坚定，做完这一切，雨果干脆把钥匙也丢进了湖里。最终，在这段自我封闭的时间里，他完成了举世闻名的长篇浪漫主义小说《巴黎圣母院》。

戴摩西尼是世界闻名的大演说家，在他年轻的时候，为了提高自己的演讲能力，他找到一个地下室来练习。但因为耐不住寂寞，他时不时地就想出去溜达一圈。由于心总是静不下来，所以练习的效果也一直不是很好。无奈之下，他想了一个办法：把自己的头发剃掉了一半，变成了怪模怪样的"阴阳头"。这样一来，因为造型实在羞于见人，他便彻底打消了出门玩乐的心思，一心一意在地下室进行演讲练习。凭借着这股专注执着的精神，他最终成为了举世闻名的大演说家。

谁也不能随随便便成功，任性是需要资本的，它来自彻底的自律管理。

对自己狠一点吧，管好自己的言行、管好自己的习惯、管好自己的情绪……一个人若能以自律之法，从里到外都控制好自己，在方方面面严格要求自己，经得起外界的诱惑及逼迫，努力摆脱自身的脏乱差，然后向着更好的方向义无反顾的前进，那么你就是自己的主人，就能随心所欲地掌控自己的人生。

只要开始努力，永远都不会晚

在 2015 年的中国国际时装周上，出现了一位非常特别的嘉宾，高龄 79 岁的"老鲜肉"王德顺。他是一位精神矍铄、身材矫健的大爷，被广大网民亲切地称为"最帅大爷""老型男"……而比这更传奇的，则是他任性的人生经历。

王德顺是沈阳人，出生于一个普通的农民家庭。因为家里条件不好，上不起学，王德顺 14 岁就辍学出来打工，帮补家用。24 岁的时候，王德顺在一次偶然的机会里接触到了话剧表演，并一发不可收拾地喜欢上了话剧。但话剧表演是需要一定文学功底的，早早就辍学的王德顺显然不够格，但他依旧任性地不肯放弃自己的梦想。为了成为一名合格的话剧演员，王德顺开始了白天排练，晚上参加课程补习的生活：一边给自己充电；一边为梦想奋斗。在超乎寻常的努力之下，王德顺终于开始在话剧界声名鹊起了。

49 岁的时候，王德顺又迷上了哑剧表演。于是，他任性地放弃了稳定的话剧团工作，只身前往北京，开始了他的哑剧表演征程。哑剧表

演的关键就在于形体表达，这对一个年近五十的人来说并不是件容易的
事，毕竟身体条件就摆在那里。为了弥补自身的弱势，王德顺办了张健
身卡，每天都坚持健身 2 小时，游泳 1 小时。在不懈的坚持下，王德顺
锻炼出了一身结实的肌肉，并成功地表演了一场又一场的活雕塑，他所
独创的"造型哑剧"也成为了世界上唯一的哑剧种类。

十余年间，王德顺一直都保持着健身的习惯。而他所收获的回报，
不仅仅是有型的身材，更是一次重要的人生机遇。

2001 年，王德顺 65 岁。凭借着一副须发皆白、仙风道骨的形象，
他顺利地踏入了影视圈，并出演了《天地英雄》中的角色老不死、《闯
关东》中的角色独臂老弱以及《功夫之王》中的角色玉皇大帝，等等。
之后，70 岁练腹肌、78 岁骑摩托、79 岁上 T 台……任性的人生真是风
光无限啊！

每个人身边都有活得比自己任性的人，他们的人生总是非常精彩，
有着光鲜的事业、美满的生活……越是对比，人们往往就越是羡慕，越
是对自己的生活感到不满。而在产生不满之后，很多人都会陷入自怨自
艾的情绪中不可自拔，却从未想过发愤图强，改变自己的现状。他们总
觉得，自己的人生已经如此，再努力恐怕也是无济于事了。

"唉！我都已经是个资深大剩女了，还有什么好挑剔的，赶紧嫁出
去才是正经事，还谈什么恋爱啊。"于是，她草草地把自己嫁了出去，
没有令人心动的爱情，也没有浪漫的回忆，直接就投入到了婚姻生活的
柴米油盐中，偶尔看看电视里活得轰轰烈烈的男女主角，为自己的平淡
而叹息。

"以前我想成为一名作家，但他们都告诉我不靠谱，让我找份安稳
的工作。现在，看着那些曾与我有共同梦想的朋友，已经出版了自己的

作品，真是让人羡慕啊。可惜，现在一切都晚了……"于是，感叹完之后，她继续做着自己那份与写作毫无关系的工作，带着心中的遗憾不断哀叹。

……

如果我们总是只去羡慕他人的成就，却认定自己无力去改变现状，那么一辈子都不会拥有任性的资本。

当然，努力的付出未必就能有理想的收获。很多时候，时机不对，效果自然也会大打折扣。但我们应当明白，未来有着无限的可能，只要你敢去做、敢去尝试，未必没有成功的机会。如果从一开始就放弃，那么你的人生也就如此而已了。生命永远都不会晚，我们活着的每一天，都是一个不断自我尝试和修正的过程，即便出发得有点晚，但只要一直向前，那就是进步，最终也会傲视群雄。

再回到王德顺的例子，他开始的每一段人生，似乎都比别人晚了几十年。但对他来说，只要心怀激情并拼尽全力去做，任何时候开始，都是最早的时候。即便70岁的高龄，他依然做着自己想做的事，结果他真的成功了，活得任性又洒脱。那么，我们还有什么理由埋怨现实、垂头丧气？

没错，种一棵树的最佳时间是20年前，其次是现在。

柴田丰女士一直是个家庭妇女，92岁那年她在外出时扭伤了腰，只能整天闷在家里。她的内心每天都会被孤单感、凄凉感所困扰，更多的时候是在回忆，惋惜自己一生无所成就。年轻时，柴田丰喜欢读诗，后因操持家务、照料孩子，这个爱好就不了了之，时至今日，她依然羡慕那些写诗的女人。于是，她决定从现在开始尝试写诗。

现在写还来得及吗？不少人对此心存质疑，但柴田丰任性地拿起了纸笔。到了这个年龄，连起床都是件很累的事。柴田丰女士一天写不了多少，但写出几个成品时，她便任性地开始四处投稿。这是她多年生活的积淀，很有思想，很快她的作品就变成了铅字。七年后，她出版了处女诗集《请不要灰心呀！》，10个月内销售150万册，感动了亿万日本读者。在《请不要灰心呀！》中，她说："即便是98岁，我也还要恋爱、还要做梦，还想乘上那天边的云。"

2013年1月19日，柴田丰女士在一家老人院过世，享年101岁。她走得很安详，没有任何痛苦。回顾自己的一生时，她曾感慨地说："曾经，'我已经老了'的忧郁，深深笼罩在我的心头。但写诗时，我完全忘了年龄。写诗让我明白，人生并非只有辛酸和悲伤。所以，不论怎样孤单、寂寞，我都在考虑，不论到了什么时候，人生总要从当下开始。不论是谁，都不必灰心和气馁，因为黎明定会来临。"

将近百岁，柴田丰女士任性地学写诗，并由此重新发现了自我、认识自我，收获内心的宁静，给人生画上了一个完美的句号。

可见，对于一个真正有追求且任性的人来说，任何时候都是年轻的，想做的事永远不会晚。20岁、30岁、40岁……只要肯努力，一切永远都来得及。

哭完了，就爬起来继续伤筋动骨

她是一个任性的女人，面对生活中的诸多困难，从不说放弃。她经常说的一句话是："哭完了，就爬起来继续伤筋动骨。只要你不放弃生活，它就不会放弃你。"

那一年，就在愚人节的夜晚，命运和她开了一个天大的玩笑。

深夜11点，丈夫迷迷糊糊地起身，准备去卫生间。可没想到，刚下床，他就没有任何征兆地昏迷倒地了。她吓了一跳，拼命呼喊，却无济于事。全家人都从睡梦中惊醒，匆匆忙忙地拨打了急救中心的电话。

医生的诊断让人心惊：突然性脑出血。

丈夫刚刚29岁，怎么会得这样的病呢？但不管她有多么不愿意相信，诊断书上清清楚楚写着的几个字都让她不得不接受现实。

她从未想过，开颅手术，这个曾对她而言如此陌生的医学术语，竟会切实地出现在她的生活里。手术的那一天，她站在手术室外心急如焚，每一分每一秒仿佛都被拉长了一个世纪。

手术结束后，她看到了头上包裹着纱布，昏迷不醒的丈夫，他被医生推进了重症监护室。虽然手术很成功，但情况却并不乐观，谁也不知道丈夫什么时候才会醒来，就连医生也无法给出准确的答案。那一刻，她才意识到，原来真正的折磨才刚刚开始。一周之后，丈夫又进行了第二次开颅手术，喉管也被切开了。

护士给丈夫吸痰的时候，他的身躯不停地抽搐。每当看到这个画面，她都感到心如刀绞，眼泪大颗大颗地往下掉。但很快，她就擦去了脸上的泪水，她知道，哭泣无济于事，她得照顾丈夫，还得照顾年幼的女儿，她必须撑起他们的家。

之后，每次去医院，她都把自己收拾得整齐干净。她说，要让丈夫醒过来就能看到最好的她。她总是拉着丈夫的手，温柔地和他聊天，告诉他家里发生的事情，告诉他女儿最近做了什么，还有告诉他，她有多么爱他。虽然丈夫始终紧闭着双眼，但她却觉得，他能听到她说话，他什么都知道。

在昏迷的第 60 天，家里几乎已经一贫如洗了。医生坦言，他的情况很不乐观，接下来会花费更多的钱。这个时候，就连他的父亲都已经绝望了，想要把他从医院接出来。但她却不肯放弃，任性地坚持要给丈夫继续治疗。幸好，身边的人都纷纷伸出援手，她在笔记本上记下了每一笔从别人那里拿到的钱，心里想着，今后一定都还上。

在昏迷的第 75 天，她的丈夫终于睁开了双眼。他的意识很清醒，还能说话，只是左侧的肢体不能动。她喜极而泣，告诉丈夫："这已经是上天的恩赐了，我们慢慢来，慢慢恢复。"

出院之后，他开始做康复训练，而她则重新找了一份工作，担负起赚钱养家的责任。有时候他也会闹情绪，自怨自艾地说自己拖累了她，但她却总是笑着调侃道："所以啊，你可别给我丢人，让那些想看我们笑话的人都知道，我们挺得住，还能挺得更好！"他唯一能做的，就是努力配合医生继续进行康复训练。

女儿2周岁生日的那天，他终于站起来了，他们一家人站在一起，拍了一张全家福。她把照片放到相框里，并在下面写了一句话："真好，人都还在。"

相信在我们生活的周围也不乏这样任性的人，他们经历了生活的种种磨难，却任性地相信希望，永远不会早早地向命运缴械投降，始终对自己、对生活保持信心。他们熬过最冷最暗的黑夜，用自己的双手赢得了未来，领略到了生活的美好。无疑，这种任性是令人震撼、摄人心魄的。

一场突如其来的战争，摧毁了大多数人正常的生活，不知道什么时候战争能结束，似乎只有无止境的等待，等待着漫漫黑夜里黎明的到来——战争结束的那一天。羸弱的孩子们因无家可归而躲到暗无天日的地底下，衣不遮体，以吃垃圾为生。所有人都以为生活只能是这样：残酷、痛苦、欺凌……她很不幸地成为了其中的一员，但她任性地相信这世上会有光明和美好。

一天，她饱受别人的凌虐，奄奄一息地躺在废墟里，等待死亡降临。这时，一位老先生出现在她面前。他救回了她，并且给她取了一个名字——光儿。他悉心照料她，用罐头养活她，教她说话、弹琴和礼仪，用笔交流为她指定必须要做的事情，如过生日、尝美食、找到爱等，并借由家里的食物、摆设和照片，一一向她叙说战争来临前人们曾拥有的美好生活，竟和她心中的"光"无比吻合，这坚定了她活下去的信心和希望。

而渐渐恢复健康的小女孩亦为心如死灰的老先生带来了活着的乐趣和希望……他的老伴、儿子、孙女，他的这些至亲至爱之人，正是毁于这场战争。这位 82 岁的老人一直在怀念着他的亲人，他尤其不能正视的是他可爱的孙女莉莎被夺去生命的那一刻的悲惨情景，这在他的心目中是一个巨大的梦魇。但小女孩用生命的执着和任性为老先生带来了活下去的理由，让他知道，尽管失去亲人痛彻心扉，但一个人决不能抱着厌世的念头行尸走肉般地活着。他的生命被重新点亮了，开始有了笑容。

……

懂得自己生命的意义的人，即使遇到再多的苦难也不会绝望，而是会任性地去承受。他们将破碎的信念一点点重新粘起来，粘成一身新的铠甲，将自己武装成一个更强大的生命个体，不断地突破自身的种种不足，不断地完善自身，最后终于脱胎换骨，强大到可以抵御下一次更沉痛的不幸。

任凭时光飞逝，物转星移，都能笑看春风。一个人若能如此任性，该是何等的洒脱，何等的矜贵。

走得出的叫低谷，走不出的才是绝境

她是一位普通的农村妇女，可她的人生却像一本厚重的书。

19岁时，她和同村的一个小伙子结婚了。本以为能踏踏实实过日子，谁知没过几年，就赶上日本侵略者在农村进行大扫荡。为了生存，她带着两个女儿和一个儿子东躲西藏。村里很多人受不了这种暗无天日的折磨，想到了自尽，她得知后总是劝慰说："别这样，没有过不去的坎，日本侵略者不会永远这么猖狂的。"

终于，她盼到了日本侵略者被赶出中国的那天。可是她的儿子却在炮火连天的岁月里，因为缺医少药、缺吃少喝营养不良，最终夭折了。她的丈夫无法接受这个事实，一连在床上躺了几天。她心里也难过，却流着眼泪说："咱们的命苦，可再苦也得过！儿子没了，咱们再生一个，人生没有过不去的坎。"

过了两年，她又生了儿子。可儿子刚出生不久，她的丈夫却因病去世了。这对她来说，真的是一个巨大的精神打击。很长时间，她都没回过神来，可最后还是挺过来了，她把三个未成年的孩子揽到自己怀里，说：

"别怕，娘还在，有娘在，谁也不敢欺负你们。"她一个人拉扯着三个孩子，含辛茹苦，终于看到他们长大成人。两个女儿嫁人了，儿子也娶了媳妇，她逢人就乐呵呵地说："我说吧，人生没有过不去的坎，现在的生活多好呀！"

天意弄人，这个命运多舛的女人并没有得到上苍的眷顾。她在照看孙女的时候，不小心摔断了腿。因为年纪大了，做手术的风险太大，就一直没有做手术，而她只能一直躺在床上。儿女们都哭了，她却笑着说："哭什么，我还活着呢。"行动不便的她，没有一丝抱怨，她坐在炕上，戴着一副老花镜，安安静静地织围巾、绣花、做手工艺品。邻居们来串门，都说她的手艺好，还纷纷要跟她"拜师学艺"。

就这样，她一直活到了87岁。临终前，她只微笑着对儿女们说了一句话："我走了，你们要好好活，人生没有过不去的坎……"

面对敌人的伤害，她不屈服；面对生活的艰辛，她不低头；面对亲人的离去，她不绝望。她只是一个柔弱的农村女人，可她却坚信：世上没有过不去的坎。她用自己瘦弱的双肩扛着巨大的伤痛与不幸，带着孩子一步步地走出黑暗、走向光明。这样坚强而任性的人，有理由得到生活的厚待。

大自然有春夏秋冬四季，其实人生也如四季。春天是生命中的温暖和幸福，也是希望的象征；夏天是生命的火热姿态，是对梦想的热烈追寻和不懈奋斗；秋天是生命中的收获，是付出之后得到的满满成功；而冬天是人生中的冰天雪地，是伤痛和艰辛的低谷。人生的低谷不可怕，可怕的是我们沉溺其中，不知道如何自拔。因为怨叹、悲泣、伤痛，都救不了你，它只会让你坠落得更深、更惨！

而那些任性的人，不管遇到了什么磨难，什么伤痛，都不会抱怨命运不公平，也不会从此悲观绝望、厌倦世俗。他们永远相信自己，坚信在充满苦难的生命中，没有放不下的事，只有放不下的人；在人生的四季中，没有过不去的严冬，也没有盼不来的春天。低谷不是永恒的，它终会过去。

人，其实比想象中的要坚强许多。也许你目前身处低谷，一无所有，但是空空的手心并不意味着空空的内心。内心，是一个有着无限能量的东西，它可以屹立如山，遇风雨而不倒，将平凡之人推向至高巅峰。

是不是有些不可思议？你不相信吗？不妨回想一下，世界上有些人是不是特别受老天爷偏爱——他们积极向上、自信豁达，可以任性地得到想要的一切。这一切不是因为别的原因，只关乎内心的强大，他们都有着强大的内心，对自己和生活始终充满希望，无论遭遇多么艰难困苦……

一家服装厂因经济效益不好决定裁员，萍姐和薛姐都不幸在被裁名单上，被通知一个月之后离职。两个人在公司待了十多年，被裁的理由有两个：一是学历低；二是年龄大。萍姐接受不了这样的变故，觉得中年被裁很丢人。她愤怒过、骂过，也吵过，但都无济于事。之后的一个月，她对谁都没有好脸色，还把怒气和怨气都撒在了工作上，对工作敷衍了事。

有着相同遭遇的薛姐也很难过，但她的做法却截然不同："我觉得我的能力还是不错的，撒手再拼一下吧。如果我干得好的话，或许还有转机。"于是，她重新建立了自信和拼搏的勇气，更加认真负责地对待工作。

一个月很快到了，萍姐的工作很糟糕，如期离职。薛姐却被老板留了下来，还被提拔为主管。很多人对此不解，老板给出了解释："薛姐的心态如此积极，始终对工作认真负责。她不断进步，证明了自己的价值，也让我看到了她的无限能量，这样的员工正是公司需要的，我怎么舍得她离开？”

走得出的叫低谷，走不出的才是绝境。

所以，当生命陷入低谷的时候，与其手足无措，与其以泪洗面，不如任性地拼一把。当你咬着牙，忍着悲痛挺过去时，就会惊喜地发现：人生没有盼不来的春天。

不要让未来的落魄，抱怨今天的心慵意懒

佟文和胡迪是同事，二人年龄相仿，各方面的能力相当，在公司宿舍同一个房间住，但她们却过着不同的生活。佟文似乎比胡迪幸运得多，有甜蜜的恋情、称心的职位、任性地拿着高薪。而胡迪则是一个事业停滞的单身一族，日子过得很是落魄。为什么会这样？

宿舍附近有一个公园，佟文每天清晨坚持去公园跑步，胡迪则猫在被窝睡懒觉。一次，佟文在公园跑步时，一个阳光帅气的男孩子竟主动搭讪，一来二去二人就恋爱了，之后每天清晨他们一起跑步。胡迪也渴望收获一份这样的爱情，她也有过短暂的挣扎：要不要和佟文一起去跑步，但一想到早起的痛苦，不行，还是睡懒觉舒服。她从未早起跑过步，自然也没机会在公园认识一位有缘人。

一段时间，公司派胡迪到邻省出差一个月，这个机会千载难逢，可以获得更好的发展，还有可能成为部门主管。然而，胡迪想到出差需要四处奔波、风吹日晒，很是辛苦，不如在办公室里享安乐，便拒绝了公司的派遣。

而佟文却主动选择了这次出差机会，虽然经历了一番艰辛的奔波，但 10 个月后公司内部进行调整时，佟文凭借出色的业绩晋升为了部门主管，胡迪依然是部门普通员工。至此，胡迪才意识到：自己所有偷过的懒，都变成了打脸的巴掌。

心慵意懒是成功路上的最大敌人，一个人越是偷懒，越没有任性的机会。因为懒，好逸恶劳，有活不做、有钱不赚，所以不学无术；因为懒，游手好闲，不愿学习、不求上进，最终荒诞不经；因为懒，动作不迅速、手脚不勤快，导致没速度、没业绩、没提升，最后必然是没出息、没成功。

想想你自己有没有心慵意懒的时候？清晨来临的时候，本来计划出去慢跑锻炼身体，但是你却犯懒，选择躲在被窝里虚度光阴；本该兢兢业业完成自己一天的工作，你却选择在玩游戏、聊天、偷懒中度过；明明可以做好一件事情，却害怕辛苦，而推脱不做……不用怀疑，这样的你永远没有任性的资本。

不要再让未来的落魄，抱怨今天的心慵意懒，学着克服自身的懒惰吧。那些有资格任性的人从来不会偷懒，他们拥有充沛的激情、高昂的斗志，进而创造了越来越好的自己。

柳柳上学时是同学们中的佼佼者，学习成绩好，而且长得漂亮。但她早就听人说过 "一毕业就失业" 的无奈，于是在校期间一直任性地以吃苦为乐。课余时间，当舍友们窝在宿舍看电影、听歌时，她选择在图书馆认真看书、积极参与多个社团活动，她还在街道上发过传单，帮培训班做招生工作。辛不辛苦，当然辛苦；累不累，十分累。但柳柳却始终不敢对生活掉以轻心，每一天都斗志昂扬，结果她的每一门功课都成绩优秀，她还考取了普通话证、英语六级证、会计证等。

当别的同学都在忙着四处寻找实习单位时，柳柳则因优异的个人能力被当地一家大企业正式聘用，过上了朝九晚五的"白领"生活。柳柳平时的工作主要是负责公司财务，工资稳定，也不辛苦，有大把大把的时间打扮、交友、恋爱等。但柳柳意识到这样的生活太安逸了，于是任性地申请调入市场部。市场开拓不是一件容易的事情，而且充满了挑战，赔笑脸、陪吃陪喝更是常有的事，但柳柳确定，只有在市场部才能了解业务、熟悉流程，虽然辛苦，但却能最大限度地提高自身的能力。

为了学会市场营销的基本常识，柳柳在三天之内自学了几十万字的材料，让自己在三天之内从一个门外汉变成了一个行家；为了多争取一个客户，她骑着电动车，走街串巷，一家一家地去拜访客户，吃闭门羹、挨白眼成了家常便饭；为了签下一个大订单，她任性地一个人待在他乡，冒着被偷被抢的风险，租住在偏僻的城中村……

精诚所至，金石为开，柳柳的业绩一路飘红，从销售精英、销售主管，再到销售部经理。现在的她，年纪轻轻就成为了人人艳羡的"白骨精"，高资本，更任性。

不懒惰，才能改变人生。

为此，我们要有意识、有意志地让自己克服心慵意懒和萎靡不振，始终充满热忱、血气如潮地做事。相信，今天你努力做的，就是当下的收获，就是明天的宏伟蓝图。凡事通过自己的努力去获得，那样才会过得理直气壮！

没那么多怀才不遇，是你眼太高手太低

　　孔辉在一家国内 500 强企业工作，35 岁，高薪又高职，风光无限，令无数人艳羡不已。每当有人问及他成功秘诀时，孙辉总会谈及自己当初求职时的一番曲折经历。

　　孔辉从国内一所重点大学毕业后，前往美国一所著名大学的计算机系深造。博士毕业后，他拿着一大摞证书回国，当时他心想以自己的学历在国内找一份高薪工作肯定不是难事。可是由于他的要求高，迟迟没有被聘用。思来想去，孔辉任性地收起所有的学位证明，以一种最低身份求职，他拿着自己的高中毕业证前去寻找工作，并声称自己只想在工作岗位上锻炼自己，哪怕不给工资也愿意做。

　　不久，孔辉被一家大企业聘为程序录入员。程序录入员是计算机系列中最基础的工作，对孔辉来说简直就是小菜一碟，他不仅能将工作做得妥当，还总能看出程序中的错误，并适时地向老板提出来并加以修正。老板发现孔辉居然能看出程序中的错误，非一般的程序录入员可比，对他自然多了一份认可和欣赏，同时也很好奇。这时，孔辉亮出自己的本

科学历，于是老板给他换了与大学专业对口的工作。

又过了一段时间，老板发觉在这个工作岗位上，孔辉还是比别人做得更优秀，就约他详谈。此时孔辉拿出了自己的博士证，而且是美国一所著名大学的博士证。老板对孔辉的能力水平已经有了全面的认识，又佩服他能够踏踏实实地做好每一项工作，便毫不犹豫地重用了他，不仅将他提拔为了部门主管，薪酬也翻了好几倍。就这样，孔辉的目标实现了。

每个人都对未来充满期许，渴望拥有光鲜亮丽的生活，但并不是每个人都能如愿以偿。谈及原因，不少人会将自己所有的不得志归结于怀才不遇。但通过孙辉的这一番经历，我们不难看出，一个人想要有任性的自由，首先得有足够的资本。也就是说，你需要让别人看到你的价值所在。

你的价值由你决定，做好"千里马"，"伯乐"自然来。

报纸上曾经刊登过一个真实的故事，题为"泸州最牛清洁工人"，主角是一个名叫李美华的清洁工。这名清洁工出身于农村，文化程度不高，甚至可以说他无一技之长，但他的月工资却高达上万元，累积资产也达到了数百万元，收入远远超过了一些大城市的白领，这样任性的人生令人羡慕，他是怎么做到的呢？

据采访，李美华起初进城打工的时候，并没有什么宏伟目标，他只希望能挣点钱，好把老家的砖瓦房改造一下。进城之后，他先是承包了一个小区的垃圾清运工作，每天兢兢业业地干活，赢得好的口碑之后，他又相继承包了第二个、第三个……他每天都要工作十几个小时，凭借着自己的勤劳和务实，李美华赢得了众多小区物管的信任，垃圾清运工作也越做规模越大，最终成了泸州有名的垃圾清运工。

每个行业最有资格任性的人，才华、努力、人脉、方法，至少某一项有强大的过人之处，基本没有例外。所以，你勤奋，那就去更加努力，做出一番事业；你聪明，那就把聪明用到工作上，把好的建议传达给你的上司；你有潜力，那就努力让自己真正看到自己的潜力所在，相信别人一定不是瞎子。

人啊，怕就怕，在看似不得志的日子里自怨自艾、自暴自弃，不求上进。当某一天机会降临到自己头上来时，连亮出的资本都没有。

第八章
只有现在拼了，将来才有春风得意的资本

没本事的人埋怨自己的境遇不佳，有本事的人则努力改造环境。有很多人说：平平淡淡就是福，滑稽之谈！现在不努力拼搏，连平淡都是奢侈！现实是，经济社会连喝一杯白开水都可能要钱，不拼了命努力就只能过风雨飘摇的日子！连平淡都谈不上。

别把自己的失意归咎于别人的幸运

女友 A 是她见过的最任性的一个人，她们是大学时的同学兼舍友，还是上下铺，关系非常亲密。那个时候，女友 A 常常说自己毕业之后一定要找机会出国，她从来都没当真，以为女友 A 也就是说说而已，毕竟她家境一般，根本负担不起出国的昂贵费用。

大一的时候，为了通过英语四级考试，大家天天都在背单词，她也和 A 一样。但不同的是，A 除了看四级的书之外，还常常抱着一本雅思的书在看。她那时候笑话 A，说她也就是三分钟的热度，买雅思的书完全是在"花钱买废纸"。但没想到的是，大二的时候，A 真的通过了雅思考试。

大学课业不算太重，有许多空余时间。女友 A 想拉着她一块儿去打工，从小就养尊处优的她兴致勃勃，觉得去体验体验生活也不错。接下来，四处奔波，面试筛选，折腾了几天之后，她最初的兴头就没了。而女友 A 则在不久之后找到了一份兼职会场主持的工作，而且任性地将这份工作一直做到了大学毕业。

毕业之后，她留在了本地，因为她的家就在这里，而女友 A 则任性地去了上海。天南地北，她和女友 A 的联系只能依靠网络和手机。她在家里的安排下找到了一份平平淡淡、待遇尚可的工作，日子过得"清汤寡水"，有些索然无味。女友 A 则不同，看她的微博和朋友圈就能知道，她的日子过得丰富多彩，每天都在变化、每天都充满了新奇。

揉着酸痛的肩膀，她突然对未来感到有些迷茫。想到前些日子参加的那场婚礼，新娘是她高中时候的一名女同学，她突然意识到，自己也到了步入婚姻殿堂的年纪了。也许是明年，也许是后年，她大概就会和许多人一样，找个合适的男人把自己嫁出去。想到这里，她的情绪就无端地有些低落。

几天后，她在朋友圈看到了女友 A 的新动态。原来，她已经成为了加利福尼亚大学的学生，她果然实现了自己曾经的愿望。看着下面一条条充满羡慕与唏嘘的评论，以及那些客套的祝福或钦佩，她苦涩地笑了笑，给女友 A 发了一条有些"酸气"的微信："嘿，女神！你现在可是引起轰动了啊，看来近期老同学们茶余饭后谈论的主角，那是非你莫属了！这样任性的你，令我羡慕、嫉妒、恨呀！"

很快，她就收到了女友 A 的回复，在一个"坏笑"的表情后面，女友 A 感叹："你们这些凡人啊，都只看到了萤火虫在空中的光芒，却没有留意它背后拼命煽动的翅膀呀！"

简单的一句话，真的是醍醐灌顶，让沉浸在羡慕和酸涩中的她的心猛然一动。是啊，大家都只看到女友 A 的光鲜亮丽、精彩纷呈，却从来不曾真的感悟过这些精彩、任性背后的她，究竟走过怎样的历程。

大学时，女友 A 的英语非常好，不少同学都追着问她学习英语到底有什么秘诀。那时候，A 总是开玩笑说，因为自己过目不忘。但她知道，A 哪里是什么过目不忘，不过是每天拼命地背、拼命地学，忘了就继续再拼命。反反复复，周而复始，又哪里会学不好？

　　A 找到兼职主持工作之后，有了不错的收入，再也不用伸手向家里要钱了。同学们都羡慕 A，说她运气好，她也曾感叹过，怎么自己找兼职主持工作就不顺利，A 就能找到这么一份好工作。直到有一次，她看到 A 在商场主持的一场活动，那场活动持续了整整一天，A 从早忙到晚，连口饭都来不及吃。观众有起哄的、闹事的、骂骂咧咧的，还有尴尬的冷场，但 A 一直都保持着微笑，硬着头皮去应对一切事情……那时候她就在想，如果是她来做这份兼职主持工作，或许早就放弃了吧。

　　人生就是这样，哪有什么从天而降的幸运！当我们羡慕别人的光鲜亮丽、渴望别人的精彩纷呈时，却总是忽略了别人在背后付出的努力与汗水。生命是一个积累的过程，今天的样子，是由无数个昨天的经历所拼凑而成的。无论是成功还是失败、无论是精彩还是平庸，都取决于我们的付出与选择。

　　有句话说得很有道理："每一个优秀的人，都曾有一段沉默的时光。那一段时光，是付出了很多努力，忍受了很多孤独与寂寞，不抱怨不诉苦，以后回忆起的时候，就连自己也都能被感动的日子。"

　　所以，何必去艳羡他人的任性呢？人生从来不是由运气决定的，别把对自己平庸人生的惭愧，都归咎于别人的幸运。明天能收获什么，在于今天你种下了什么。真正决定你能否任性而活的，从来不是命运，也不是运气，只是你自己的努力而已。

现在的每段时光，都是不进则退

"是是是，道理都对，但总不能把所有时间都拿来努力吧？生活也是需要娱乐的嘛！"

说这话的时候，刘晓晓正在 KTV 左手拿着话筒，右手拿着啤酒，脸蛋红扑扑的，沙发上的手机响了又响，屏幕上显示有 16 个未接电话。

刘晓晓是一名杂志专栏写手，靠卖文章生活，得过一些杂志社举办的文学大赛奖项，也算得上是个小有名气的新人作者了。

在生活上，刘晓晓一直奉行"享乐主义"，按她的话说就是，人这一生，过一天算一天，最重要的就是开心。要是将全部时间都奉献给工作、学习，那还有什么乐趣呀！而她也确实是这么做的，为了饭局、为了旅游、为了球赛……总之为了一切娱乐活动，她可以随时把工作丢在一边，比如那 16 个未接电话，就是编辑又一次打来催稿的电话。

很多人都劝说刘晓晓，应该趁着年轻多多努力，给自己多一些积累，但每次都被刘晓晓用同样的话给堵了回来。在刘晓晓看来，快乐才是人生的真谛，工作、努力，都是可以排在娱乐之后的。可她不知道的是，因为一直联系不上她，编辑已经决定把她的专栏给另一位最近刚蹿红的新人作者了；如果反响不错的话，杂志社便会正式与那位新人作者签订约稿合同，并且正式取消刘晓晓的专栏……

现在很多年轻人都和刘晓晓一样，把"娱乐"看作是不可剥夺的天赋人权。这种想法其实也没有什么不对，没有任何人会反对有益身心的正常娱乐，更何况无论做什么事情，也都应该讲究劳逸结合。但如果让娱乐和享受成为生活的主旋律，甚至对我们正常的学习生活产生了恶性影响，那么娱乐就会成为拖慢我们人生步伐的障碍，让我们浪费宝贵的时间，消磨意志力，甚至最终止步不前。

但是，任性绝对不是放浪不羁、恣意妄为，而是有本事按照自己的想法生活，是有能力带动生活的节奏，而不是跟着生活的节奏随波逐流。

生活就像一场竞赛，每一段你停下的时光，都有无数人因为努力和付出而超越你。当你推崇娱乐至上的时候，你的事业便会不进则退；当你奉行消费至上的时候，你的生活便会寅支卯粮；当你认为应该享受至上的时候，无论做什么事情都只会是当一天和尚撞一天钟；当你变得个人至上的时候，便会因极端的利己主义而缺乏和谐的人际关系……如此，你将永远失去任性的资格。

若你总是为了享乐而放弃努力、若你总是更愿意走那条既轻松又快乐的人生岔路，那你又有什么资格去抱怨自己平庸的今天和毫无希望的明天呢？

人这一辈子，最怕的就是没有追求、没有理想、没有努力的方向。所以，千万别将娱乐错当成了人生这出宴席的主菜。每个想要任性生活的人都该明白，你所经历的这些时光，不进则退，所以唯有努力才是出路。

今天的无奈，源自于昨天的犹豫和等待

孔山的生活一直既简单又平淡。他在一所高校做教授，每天除了上课就是备课，这种简单的日子可以一眼就望到头。孔山其实并不喜欢这种一成不变的生活，他从来都不是一个喜欢平淡的人，他的心中始终燃着一把火焰，叫嚣着想要做点什么，来打破自己四平八稳的生活。

孔山其实很聪明，能力也强，但他有个毛病，那就是做事不够任性，总喜欢瞻前顾后、总是犹犹豫豫，也正因为这个毛病，使得他错过了许多原本足以改变人生的机会，一直困在平庸的框架中，难以挣脱。

比如前几年的时候，股市行情一直看涨，有朋友推荐孔山去炒股，孔山的心动了，但又一直担心投资风险问题，生怕自己运气不好，挣不到钱反而亏钱。结果这一担心、一犹豫，从"牛市"犹豫到了"熊市"；有一段时间，孔山得知一些朋友在工作之余还会做一些兼职，而且收入还不错，于是也动了心。正巧他认识的一个朋友开办了一间夜校，正在招聘兼职教师，他非常感兴趣，但临了，他却又开始担心，接受这份工作可能会大大压缩他的业余时间，于是又犹豫不决了；还有最近，孔山一直很心仪的一家文化公司向他抛出了"橄榄枝"，说不心动肯定是骗人的，但孔山依旧很犹豫，他在学校毕竟已经待了许多年，各方面的关系也构建得比较成熟了，如果跳槽，那么就意味着一切都要重新开始……结果，就在孔山犹豫来犹豫去地给不出准确答复时，已经有人主动去那家公司应聘了，并凭借突出的表现"拿到"了那份工作。

就这样，孔山依旧过着一成不变的无聊生活，任由内心任性的"小火苗"四处乱窜，自己则一直抱怨连连。

其实，比起大多数人来说，孔山已经非常幸运了。他头脑聪明，有学历也有能力，更重要的是，他遇到过很多很多的机会。可惜的是，在不断地犹豫和担心中，他与这些机会全都失之交臂了。

人生其实就是这样，很多时候，不是机会不光顾，而是机会光顾的时候，我们却在犹豫和等待中错失了它。犹豫是成功的大敌，没有任何实际用处，只会让我们在瞻前顾后中裹足不前，一点点将时间和意志力消磨干净。

他和她是高中同学，初次相遇，他就被一身蓝色连衣裙的她所吸引，悄悄装起了满腹的心事少年。那时候，他是班长，她是副班长，他家和她家都住同一个小区，他们一起上学，一起放学，一起讨论难解的题目，一起处理班级的事务，成为了无话不说的好朋友。

同样优秀的男孩和女孩，成为了彼此青春中的靓丽色彩。他曾想过要向她告白，却又担心自己的莽撞破坏了彼此之间珍贵的友情，他告诉自己，再等等吧，等高考结束、等我们都长大。

他偷看了她的志愿，和她填报了同样的大学。可惜，他考上了第一志愿，而她却因为差之毫厘而被"下放"到了第二志愿。虽然两个城市之间相隔不远，但来回三个小时的车程依旧在彼此之间添了些许距离。

他总是找机会、找借口往返于两个城市之间，却从来不曾说过半个关于"喜欢"的字眼。他总在想，再等等吧，异地恋风险太大，不如友情这般天长地久，等毕业了再向她表明心意，那时候就可以再也不分开。

毕业那年，她的身边已经站了另一个年轻人。他们在小区大门口相遇，她亲昵地挽着别人的手和他打招呼，并介绍说："这是我闺蜜，好哥们儿。"

她结婚的那天很美，笑得很甜。她是新娘，他却不是新郎。他拥抱了她，作为一个"闺蜜""哥们儿"。她坦然地笑着打趣他说："暗恋了你这么多年，今儿总算是走出来了，祝愿咱们以后依然友谊天长地久吧！"

他看着她笑，心里却涌上一丝酸涩，不可为外人道。

我们总是这样，就像他和她，明明人生有另一种可能，有另一种契机，却因为不断的犹豫和等待，不停地错过，最终踏上了一条与我们的渴望全然不同的道路。不管是爱情，还是梦想，都在不经意间就失之交臂，消泯于我们的人生之中。今日的无奈，往往正是源自于昨日的犹豫和等待。

所以，别再犹豫不决，你没有太多的机会去错过，更没有太多的时间去积累勇气。学着任性一点吧，想要学好英语，那就立刻拿起书本背单词；想要减肥，那就立刻放下手里的蛋糕和薯片；想要爱一个人，那就立刻散发出迷人的荷尔蒙；想要学理财，那就立刻学以致用，小试牛刀……

把犹豫不决的时间节省下来，你会发现，你的人生其实蕴藏着很多的可能性，你的生活其实处处都有意想不到的惊喜。

王者荣耀，需要偏执狂一样的折腾

在 2013 年举办的电子商务论坛上，马云在大屏幕上打出了这样的投影："心态决定姿态，姿态决定生态。"

马云说："今天我来讲创业，不想具体谈怎么做一家公司。人的心态决定姿态，再决定你的生态，心态好其他自然会好起来的。"

几个月之后，阿里巴巴在北京举行了 10 周年庆祝大会。最令人激动的是，作为全球最成功的电子商务公司代表，阿里巴巴公司正准备首次公开发行（IPO），预计市值将远超 1000 亿美元。阿里巴巴的老板马云被英国《金融时报》评为 2013 年年度人物，这位亿万富翁被誉为是中国企业家的精神"教父"。

马云的人生简直就是一部励志又传奇的奋斗史，他出生于杭州一个传统的艺术家庭，从小就继承了父母的表演天赋，但可惜生不逢时，在特殊的历史时期，这项天赋并不能成为谋生的手段，因此马云很早就任性地断了走艺术道路的念想。

伴随着中国向世界开放的脚步，马云开始对英语产生了莫大的兴趣。

他任性地决定学习英语，全身心地投入到了英语的学习当中。为了提高自己的英语口语水平，整整 9 年，马云每天天不亮就起床，骑自行车去往杭州大酒店，免费给住在那里的外国友人当导游，和他们交谈。

大学毕业之后，马云在当地高校顺利找到了一份英语教师的工作，不久之后，他又成立了一家翻译公司，因此一次去美国出差的机会，他得以接触到互联网。互联网给了马云很大的触动，回国之后他任性地创办了中国第一家网站"中国黄页"（China Yellow Pages），虽然最终并未能取得成功，但这一经历却让马云打开了一道新世界的大门。

之后，马云进入中国对外经济贸易部工作，并在一次工作中遇到了雅虎的联合创始人杨致远，这一次的相遇成为了马云和杨致远二人事业生涯的一个重要转折点。

1999 年年初，在杭州的一栋公寓里，马云和他的 17 位朋友一同创办了阿里巴巴，他充满激情地发表了演讲，向众人宣告他的雄心、愿景以及战斗精神，辉煌正式从这里启程。

2003 年，阿里巴巴首次实现了小额盈利。为了与美国电子商务集团 eBay 竞争，马云又创建了一个新的电子交易平台——淘宝网。

2007 年，在淘宝网的冲击下，eBay 在中国的市场份额从 80% 跌至不足 8%，事实上，它已经被挤压得不得不退出中国市场了。而此时，淘宝网的市场份额已经飙升到了 84%，马云成为了中国名副其实的"电商之王"。

到今天，阿里巴巴的销售额已经占到了中国国内生产总值（GDP）的 2%，超过了 eBay 和亚马逊的销售总和。在中国的电商交易中，有大约 80% 都是通过阿里巴巴网站进行的；而在中国所有的包裹快递中，有大约 70% 都来自于阿里巴巴的商家。

有人说，马云是个任性的偏执狂，但凡是听过他演讲的人都能感受到他灵魂中的那份偏执和疯狂。对于自己认定的事情，他总有一种可怕的执着和孤注一掷的勇气，哪怕遭遇无数的挫折和失败，也无法浇灭他内心激情的火焰。或许正因为如此，他才能收获如今的荣耀，才能站上别人难以企及的巅峰！

在《不抱怨的世界》中有这样一段话："凡是你所渴望的东西，你都有资格得到。快朝梦想前进吧，不要打压自己、替自己找借口，或是假借批评和抱怨将注意力转移。你应该要接受不安感来袭，同时在这样的时刻支持自己。"

很多时候，人生的平庸其实与才能无关，而是因为我们不敢任性地去拥抱荣耀、不敢任性地去选择一条充满冒险的荆棘之路。高回报永远伴随着高风险，投资如此，人生亦是如此

每当站在人生的十字路口，我们最常听到的两个字往往都是"稳定"。无数的声音都在告诉我们，选择最平凡的那条路吧，稳定的工作，稳定的婚姻、稳定的家庭、稳定的生活……选择稳定，这样不会太辛苦；选择稳定，这样不会有风险；选择稳定，这样才会轻松……但选择稳定，又何尝不意味着你是在选择平庸呢？

通往山巅的路注定是崎岖难行的，想要往高处走，便注定要承担难以忍受的辛苦与跌落云端的风险。成功总是眷顾任性的偏执狂，因为只有他们，才会为了山顶未知的风景而放弃平顺的坦途，让自己的人生在不停的折腾中不断向上攀爬，拥抱荣耀！

不务正业的过往，
或许正好造就不误正业的今天

在上幼儿园大班的时候，她第一次接触到了电脑，并任性地喜欢上一个游戏——竞技叠杯。她开始迷上了这个特别的游戏，甚至为此废寝忘食，整整五年她都在研究这个游戏。有一天，她在给游戏卡在线充值的时候，猛然发现，自己居然已经在这个游戏上花费了两万多台币的"巨款"，这简直太不可思议了。

她周围的人，无论是老师还是同学都觉得难以理解，为这么一个毫无用处的游戏，浪费了这么多的时间和金钱，这是傻子才会干的事情！有人甚至直接嘲笑她说："你就不能干点有用的事情？成天这么不务正业，以后有什么前途呀！"

那些不和谐的声音并没有对她造成多少影响，她任性地认为，既然玩一根棍子能玩出个"老虎伍兹"、玩一颗球能玩出个乔丹，那么叠12个有洞的杯子，最终也能玩出一个精彩的未来。

果不其然，几年之后，在 2013 年的世界竞技叠杯 16 岁女子组个人赛"3-3-3"项目中，她以 1.915 秒的成绩勇夺冠军，并打破了她在台湾地区创下的 2.15 秒成绩的纪录。她的名字叫作林孟欣，一个勇敢又优秀的台湾女孩。在别人看来，竞技叠杯大约只是个"不务正业"的游戏，但林孟欣却任性地凭借自己的努力，在这一行业打出了自己的成绩，实现了自己的梦想。

2015 年 4 月，在中央电视台《超级演说家》第三季演讲的舞台上，林孟欣说道："如果你觉得这几年来叠杯已经成了我的正业，那你又大错特错了。如果褪去世界叠杯冠军的光环，我还是台湾魔板的第二名纪录保持者、2016 长板嘉年华 25 米障碍赛第一名、台北竞速自行车直线加速赛第一名，而这些都不过是我'不务正业'的杰作罢了。"

多么有趣啊，那些不务正业的过往，恰恰造就了林孟欣不误正业的今天，人生就是这样既有趣而又充满惊喜，谁又真的能给某件事情做个论，判断它究竟是不是"正业"呢？

不务正业——在我们的成长历程中，这个词语出现的频率很高。你捧着漫画看得津津有味的时候，或许就会有人跳出来批评你"不务正业"，可他们又怎么会知道，未来的你会不会成为一名漫画家呢？你徜徉在游戏的世界，酣畅淋漓地战斗，或许就会有人跳出来给你讲大道理，劝你不要"不务正业"，可他们又怎么知道，未来的你会不会在职业的游戏大赛上为国争光呢？

你可能喜欢画画，你或许会沉迷于模型，你大约会花费很多时间去运动，也可能会花费大量的金钱去旅行……你是这么地不务正业，但谁又能知道，你以后会成为一个怎样的人，会做一份怎样的工作？你也许会成为画家、模型设计师、运动员、旅行杂志的摄影师，也许这些在别人眼中不务正业的事情，最终偏偏成为了你的正业，成为你赖以生存的技能和工作——谁又知道未来的事情呢？

提起"雅马哈"这个品牌，大家会想到什么？很多人脑海中最先出现的大概都是钢琴、吉他、架子鼓之类的乐器。但事实上，乐器产品只不过是雅马哈旗下的冰山一角罢了，雅马哈的产品绝对超乎你想象的种类。

在生产电子乐器的过程中，雅马哈掌握了数字信号处理技术，于是利用这一技术制作了各种音频设备和路由器；在生产钢琴的过程中，雅马哈掌握了木工工艺，于是便利用这一工艺制作家具、建造房屋；此外，他们还生产电动车、摩托车、自行车等交通工具，就连造船、制造家用浴缸、建造泳池等行业他们也都有所涉猎。正是因为这种"不务正业"的精神，让雅马哈不断扩张，在激烈的市场竞争中稳稳站住了脚跟。现在，全世界的人民都可以弹着雅马哈、开着雅马哈、坐着雅马哈、玩着雅马哈、甚至住着雅马哈！

所以，何谓"正业"，谁又说得清楚呢？即便你今天所从事的职业，既符合社会需要，又能让你发挥自己的特长，同时也是你的兴趣所在，或许你也应当多多思索，挖掘自我，看看是否能够在其他方面有新的作为、新的机会。所谓"正业"，有时不过是对自我的一种设限罢了。生命充满无限的可能，你的人生可以比你想象中的更精彩、更有趣。

当然，这样说并不是提倡或鼓励大家去不务正业。在人生的每个阶段，我们都有自己应当承担的责任和义务，比如作为学生，学习就是我们应当承担的责任和义务；步入社会，做好我们所从事的工作就是我们必须承担的责任和义务；走进婚姻，照顾好家庭就是我们需要承担的责任和义务。

未来会如何，谁都无法预知，也正因为无法预知，所以多一些本领傍身总是好的。至少在面对突如其来的变故时，我们会有更多的方法去应对。所以，在扛起我们需要承担的责任和义务之后，不妨任性地做些"不务正业"的事，或许你明天会发现，昨日的"不务正业"，恰恰造就了你今天的不误正业。

所有的激情澎湃，不能只是澎湃而已

在一次乘坐飞机的时候，一位年轻人有幸坐在了国际知名成功学大师、演讲家理查德·圣·约翰身旁。他热切地追问这位大师："究竟应该怎样做才能取得成功？"

那时候的约翰还并未取得像今天这般辉煌的成就，对于这个问题，他一时之间也无法给出答案。但这个问题却让他产生了一个想法，或者说是一个灵感，即向那些成功者们寻求答案，找出成功的秘密所在。

之后的 7 年中，约翰采访了五百多位"TED 人物"，他们都是全球各个领域的精英。2005 年，约翰举办了题为《成功的 8 个秘诀》的演讲，在这场演讲中，他公布了自己在过去 7 年的采访中所寻找到的答案——成功的 8 个秘诀。

在约翰的调查结果中，排在第一位的秘诀就是"激情"。约翰说，在他采访这些"TED 人物"时，他发现，这些精英们在从事某一项事业的时候，目的从来都不是为了金钱，而是受到因热爱而产生的激情的驱使。

若激情是成功的主要秘诀之一，那么我们大概有必要弄清楚，究竟

"什么是激情"。

客观地说，激情是一种热情高涨的情绪，它就像发动机一样，给人们提供了一种积极的精神力量，让人们对自己所做的事情充满信心，哪怕遭遇困难与挫折，也能够任性地坚持，无所畏惧。不管身躯多么疲惫，也能调动起全身的细胞，让自己充满活力，在任何时候都鞭策着自己不断前行、不断奋进。

成功是一个漫长的过程，在这个过程中，最可怕的不是困难或阻碍，而是平淡。每个人大概都有过这样的经历：你所做的某件事情，明明进行得还不错，也并没有遇到什么大的波折或阻碍，但中途却突然停顿了下来，无声无息地走向结束。之所以会有这样的结果，实际上就是因为丧失了做这件事的激情。因为没有了激情，所以也就不再有继续坚持的动力，哪怕前方一片坦途，失去了前进的渴望，便只能无声无息地走向终结。

可见，失去激情是一件非常可怕的事情。当你没有激情的时候，你也就失去了对成功的渴望，不论做什么样的事情，对你而言都只会是一种负担甚至苦役。你可能会不停地抱怨，有诸多不满，你会厌倦，甚至厌恶你所做的一切事情，不思进取、得过且过、效率低下……当你变成这样一个消极、悲观、软弱的人时，又怎么可能还有力量去获取成功和荣誉呢？所以，激情不仅是成功的必备条件，更是任性的重要资本。

但需要指出的是，短暂的激情是不值钱的，真正能够促使我们走向成功的，是一种长久的激情。只有让激情拥有超长的保质期，我们才能满怀热情地全身心投入某项事业，克服漫长而充满艰辛的那段通往成功的必由之路，不因挫折而退却、不因失败而绝望、不因枯燥无味而半途而废。只有任性地坚持数十年如一日的努力，我们才可能真正地触摸到成功的大门，步入荣誉的殿堂。

明明做的是相同或相似的工作，为什么有的人可以不断进步，创造一次又一次的辉煌和奇迹，有的人却只能碌碌无为、停滞不前呢？归根结底，还是因为前者对自己所从事的工作有着长久的激情，正是这种激情，促使他能够任性地坚持做同一件事，在日复一日的坚持中把每一个细节都做到完美、做到极致。

22岁的时候，身无分文的美国青年卡腾堡只身一人来到巴黎闯荡。他在巴黎版的《纽约先驱报》上刊登了一则求职广告，并获得了一份他并不喜欢的工作——推销立体观测镜。更重要的是，这个不折不扣的穷光蛋青年甚至连法语都不会说。可是没法子，为了生存，他需要这份工作。

那时候，大概任何人都想不到，几年之后，这个名叫卡腾堡的青年会成为法国收入最高的推销员。是的，这简直是个奇迹！那么，这个奇迹究竟是如何创造的呢？

开始的时候，为了做好这份工作，卡腾堡请求他的老板用纯正的法语帮他把要说的话写下来，然后背得滚瓜烂熟。在每天出门之前，他都会站在镜子面前告诉自己："想象一下，你现在就是一名演员，有很多观众在看着你，你要像表演一样有激情，投入进去！"

于是，每一个打开门的顾客，都会看到卡腾堡热情洋溢的笑脸，听到他充满激情的声音。他似乎总是那么活力无限，热情地同你打招呼，递上照片，用夹杂着美国口音的法语朗诵那些推销"台词"。如果没有人开门，或者被很快拒之门外，那么他便潇洒地转身走开，脸上依旧带着微笑，继续向下一户走去。

每一天，卡腾堡都在他所负责的工作区域做着这些相同或相似的事情，热情地向顾客们推销着自己的产品。渐渐地，人们与这个总是热情洋溢的青年熟悉了起来，知道了他的名字，同时也知道了他是一个诚实、热情，并且坚韧不拔的人。人们开始对卡腾堡产生了好感，会笑着同他打招呼，也会购买他所推销的产品。

有顾客曾表示，他之所以愿意买卡腾堡的东西，并不是因为这件东西他有多么需要，而是因为被卡腾堡身上所散发出的激情所感染。他认为世界需要像卡腾堡这样的青年，而他也愿意帮助并支持卡腾堡。就这样，卡腾堡的业绩节节攀升，最终成为了法国著名的推销员。

在一次受访时，卡腾堡对记者说道："一个人如果能始终激情地向着自己的理想，让人们能够真正地体验享受你的真实感受。然后，你就会得到你想要的回报，获得意想不到的成功。"

觉醒吧！也别再抱怨了，生活不是盲目地混日子。若连你自己对明天都毫无激情，又怎么指望生活能回报给你什么好事情呢！任性一点，将激情注入你的内心，努力让自己充满活力、充满希望，你的未来才会有无限种可能！

第九章
就算浑身是伤，也要孤往不退任性到底

想任性，就要输得起。成功源于不服输，放弃了就是前功尽弃，眼睁睁地看着别人取得胜利。所以在你几乎认定自己会输的时候，对自己说一句："我不能把胜利拱手相让！"把那些成功所必需的事情坚持下来，即使胜算低，也要任性到底。

年轻的资本不是颜值高，而是输得起

她在朋友们的眼中是一个幸福的小女人，有一个年轻有为的丈夫、一个活泼可爱的女儿。但是，幸福的生活只是表面的，其下是暗流涌动。正当她享受自己幸福的时候，却发现丈夫竟然背叛了自己和家庭，出轨了一个年轻美貌的女人。之后，丈夫和这个女人远走高飞，一点音讯都没有。

在丈夫失踪后，她仍心存希望地等待着，直到有一天，接到了丈夫从海南发来的离婚协议书。她离婚了，身心受到了严重的打击，于是她向公司请了长期的病假，整天躲在家里不想见人，晚上流泪失眠，白天萎靡不振，甚至有点疑神疑鬼起来，连女儿也不去照顾了。

一天，她同往常一样浑浑噩噩地起床洗脸，可面对镜子的时候，她无意间发现自己脸色发灰，眼角居然出现了细纹，两鬓的头发竟然有几根白了。她突然变得清醒了，自己为什么会变成这个样子？自己才只有 30 岁啊！如果再这样下去，自己整个人生就完了。想到此，她决定改变自己，不能再沉沦下去了。

她开始反省自己这一段时间的生活：为了背叛自己的人而折磨自己、放弃自己，还忽略了最爱的女儿，难道这样的生活就是自己想要的吗？难道这么折磨自己，就能让那个背叛自己的人回头吗？不，不能。她开始认识到，不能再这样浪费时间了。有这么多时间，自己不如好好地生活，有时间去逛逛街、充实自己，想吃什么就吃什么，想去做什么就做什么，带着女儿去公园坐坐、去书店看书、去郊外爬山行走于田间……

　　想着想着，她感觉自己变得轻松起来了，内心也不那么痛苦了。她开始重新审视自己的价值、重新塑造自我，就像凤凰涅槃一样在浴火后获得了重生。后来，她有了属于自己的事业，和女儿过上了幸福快乐的生活。

　　婚姻的失败可以让一个人陷入迷茫，也可以让一个人走向重生，获得另一种幸福。关键就在于你是否能够让自己接受这样的失败，并且给自己信心和希望，让自己走出阴暗。如果不能走出阴暗，你将永远阴暗下去，永远也获得不了幸福。

　　对于一个人来说，可以让自己变得越来越好的资本从来就不是颜值、聪明，也不是才华、能力，而是输得起的良好心态。每个人的未来都有很长的路需要走，在这个过程中，处处都有人生的开端，所以我们即便遭遇了失败、受到了沉重的打击，也不能总沉沦在无尽的悔恨中，对已经逝去的过去耿耿于怀。否则，就只能是浪费美好的今天了，毁灭掉充满希望的未来。

　　正如心理学先驱威廉·詹姆斯所说的："智慧的艺术，就在于知道什么可以忽略。天才永远知道可以不把什么放在心上！"每个人的时间和精力都是有限的，我们应该努力向前看，忘却过去的失败和痛苦。如果什么都要背负，恐怕只会让未来的生活变得越来越痛苦、越来越沉重，以至于想要幸福的生活，也是心有余而力不足。

1928 年 11 月 1 日，一个小男孩出生了，他的名字叫乔·吉拉德。他出生在一个贫困的家庭中，从小就必须忍受贫困和饥饿。为了能够吃饱肚子，小乔·吉拉德 9 岁就开始给人家擦皮鞋、做报童。为了让自己和家人的生活变得好起来，他非常努力地工作着。可是上天好像和他开了一个玩笑，一直到他四十多岁，乔·吉拉德仍旧一事无成，还有高达 6 万美元的负债。为了还清债务，他除了正常工作外，还开过赌场、当过小偷……在其他人的眼里，或许他的一生就这样糟糕地过下去了。

但显然，乔·吉拉德并没有放弃自己，也没有因为过去的不堪而纵容自己。他努力改变着自己的命运，并且试图抓住一切机会。果然，一次偶然的演讲会改变了乔·吉拉德的命运。

在演讲会上，一个演讲者拿出一张崭新的 10 美元钞票，问道："你们想得到这 10 美元吗？"

当时一无所有的乔·吉拉德立刻举起了手，大声喊道："我想要！"

演讲者笑笑，对着台下大喊的人说："这 10 美元可以给你，但是，在给你之前我还要做这样一个动作。"说着，他就把那张钞票揉皱了，问台下："现在谁还想要这张钞票呢？它已经如此破旧了。"

台下的很多人放下了手，可乔·吉拉德又一次高高地举起了手臂，并坚定地说道："我想要！"

"好吧，"演讲者继续说道，"我还得再次弄下它。"说着，演讲者把那张钞票丢到地上，用脚使劲地踩，钞票变得又皱又脏。他捡起来问："现在还有人要吗？"

台下举手的人已经没有多少了，乔·吉拉德只是犹豫了一下，就坚定地举起了手，大声地说："我要！"

演讲者早已经注意到乔·吉拉德了，他温和地把钞票拿到乔·吉拉德面前，说："好啦，不管我如何虐待这张钞票，你仍然想要。因为你也知道它虽然表面看上去很惨，但是它的价值却没有减损，它依然还值10美元！"

这一次乔·吉拉德不仅获得了这10美元，还懂得了一个深刻的道理。那就是：只要你有价值，那么不管经历了什么样的困难和挫折，不管受到了怎样的折磨和虐待，都能受到别人的重视和青睐。你的价值就是自己最大的财富。

于是乔·吉拉德开始为自己的人生而努力。他进入了一家汽车公司做销售员，花了三年时间学习推销技巧，最后终于实现了人生的大逆转。他连续12年成为美国通用汽车零售销售员第一名，并被誉为"世界上最伟大的推销员"。

如果我们看乔·吉拉德的前半生，可以说他是一个失败、一事无成的人。谁也没有想到这样的人会成就辉煌的人生。但是乔·吉拉德却知道，过去只是一种经历，只有抛弃了过去，让自己彻底地改变，还是可以迎接美好的人生的。

失败是每个人都会有的经历，特别是年轻人，遭遇的失败会很多很多。如果我们不能承受失败，对于过去的失败一直耿耿于怀，怎么能走向下一次的成功呢？又怎么能迎接未来美好的生活呢？

在这个世界上，没有人可以永远顺利，也没有人可以保证自己不失败。也许你曾经遇到过巨大的困难，也许犯下过不可原谅的错误，但是未来的道路还很漫长，只要你输得起，并且能勇敢地抬起头来，与过去说声再见，那个全新的自己一定会获得成功。

　　年轻的资本从来都不是颜值、青春，而是输得起。面对失败，最好的选择哪怕浑身是伤，也要任性到底，重新开始。只有如此，我们才能跨越心中那道鸿沟，超越自己、超越失败。

谁不是一手揉着伤口，一手拄着拐棍踉跄向前

她说："人总要有些拂逆的遭遇才好，不然是会不知不觉地消沉下去的。"这并不是哪个名人的名言，而是她人生的感悟。

15岁那年的秋天，带着不安和不舍，父亲永远离开了她和母亲。因为悲伤过度，母亲从那天起就常一病不起。为了维持这个家，她只好选择退学，离开了钟爱的学校和同学。

当其他孩子还在父母怀抱撒娇的时候，她就开始步入社会，为了生计而努力；当其他孩子坐在教室读书的时候，她却做着成年人一样的苦活累活。最初，她在村里给别人的承包田刨玉米秸秆。尽管太阳火辣辣的、尽管累得浑身是汗，可是她却不敢停下来，因为一停下来或许就没有再干下去的力气了。终于刨到了最后一垄，可不知是过于兴奋了还是过于疲惫，她竟然把手中握着的攫柄插向了脚踝。顿时脚踝伤处翻出了白肉，流出了很多血，她只能用毛巾紧紧地勒住了伤口，避免更多的血流出来。这时候，她感到的只有无助和悲伤，孤单地坐在地头上，眼泪止不住地流了下来。

为了改变自己的命运，她渴望逃离农村。终于，机会来了。省内农村教师资源匮乏，中等师范院校开始面向初中毕业生招考。这个消息对于她来说，就是天大的喜讯。为了抓住这根救命的稻草，她抓紧一切时间读书，生怕现实再次夺走自己的希望。最终，在全县中师考试中，她获得了第三名的好成绩。本以为自己的愿望要成真了，可在最后的那一刻，她的录取资格被取消了！

这个打击实在太大了。得到这个消息后，她站在院子里，任凭大雨冲刷自己。她想不明白，为什么自己的努力没有获得回报？为什么自己成绩优秀，却遭到了淘汰？带着强烈的不甘，她把自己的遭遇和疑问写在了信纸上，并投给了《中国青年报》。可没有人能够给她答案。人生的梦想再一次破灭了，她只能在深夜独自舔舐伤口，等待着它自己愈合。

到了她18岁那年，村里发布了征兵的通告，她第一个报了名，她觉得这是又一次改变命运的机会。于是，她骑车到离家25公里的县城去体检，体检很顺利，她完全合格。为了庆祝这件好事，她甚至特意约了朋友到镇里看电影。自从父亲去世后，她从来没有这么奢侈过。

可命运却再次捉弄了她。三天之后，乡里通知她复查，如果不去，就等于自动放弃了资格。结果，她的身体状况由"合格"变成了不合格。后来她才知道了真相，自己被另外一个女孩顶替了。因为这个女孩的舅舅在部队当连长。

面对一再的打击，她放弃了吗？没有！任性的她，从来没有放弃改变自己命运的机会。后来，她又获得了一次应聘代课老师的机会。这次竞争异常激烈，上百人争夺3个教师职位。由于她成绩优秀，在全乡的应聘者中脱颖而出，19岁那年，她成为了一名乡村小学的代课老师。

虽然这条道路走得非常坎坷，遇到了很多不公和挫折，但是这让她看到了希望，并坚信未来会很美好。在教学的过程中，她努力工作，认真负责，并且享受着与孩子们在一起的快乐。经过了努力，她获得了孩子们的喜爱、家长的认可，以及学校领导的重视。

在教学的过程中，她不忘学习，依旧为了自己的理想而努力着。三年后，她参加了师范院校的招考，并顺利通过，那一年，她22岁。与其他同学相比，她异常珍惜这次学习的机会，所以她比任何人都努力刻苦，每天与书为伴，在灯下苦读。她爱写作，时常到图书馆借书，培养自己的写作能力。她如饥似渴地汲取着知识的养分，就像是饥饿了多年的孩子。

在师范院校的第二年，她抱着试试看的态度，把自己写的一篇作品发给了某杂志社。没想到真的被录用了，还得到了编辑的约稿函。此后，她笔耕不辍，积极投稿，省内外的杂志上不时地出现她的评论和杂文。等到毕业时，别的同学还在为找工作而着急的时候，她已经接到了四家单位的邀请。最后，她选择了在一家报社做编辑。这一年，她24岁。

现在作为一名城市白领，她时常回望过去走过的路，内心不禁感慨万千：很多时候我们感慨命运的不公，悲叹自己遭遇的困难，可是谁的人生又是一帆风顺的了，谁又不是一手揉着伤口，一手拄着拐棍向前走呢？人生中诸多的不幸和苦难，不过是磨炼我们意志的东西。在这个过程中，我们挺过来了，就可以迎接人生的幸运，而挺不过来，就只能沉沦在苦难之中。

面对人生的苦难，爱默生如是说："如果在这个世界上必须有苦难存在，那就让它存在吧。但总应该留下一线光明。至少留下一点希望的闪光，以促使人类中较高尚的部分，怀着希望，不停地奋斗，以减轻这种苦难。"没错，只要留下一点希望的闪光，那么我们就可以战胜苦难，只要我们敢于任性地负重前行，那么就可以迎来美好的人生。

很多成功的人都曾经经历过不幸和困难的折磨，或是在生命的初期饱尝困苦与伤害，或是在事业的初期遭遇别人的白眼或是羞辱。然后他们有绝不输给命运的勇气、有任性奔跑的毅力，所以才有了之后的一路飞扬。

有人说在苦难中崛起，就是对苦难的蔑视，那么我们就任性地蔑视困难吧！也许过去的你，遭遇了很多不幸和困难；也许此时的你，正经历着风吹雨打，然而只要你勇敢直前，任性到底，那么就一定能够成为成功的人。

现在的有志青年们，拼的都是自愈力

在大山深处的小山村，有一位以砍柴为生的樵夫。他居住在破旧的房子里，过着贫困的生活。为了建造一所舒适、亮堂的房子，樵夫每天早起晚归，辛苦地砍柴。5年之后，他终于拥有了一所令人羡慕的房子。

可是，天有不测风云。有一天，樵夫到集市上卖柴，刚刚回家就发现自己的新房子着了火，火光已经照亮了半个天空。虽然左邻右舍都帮忙救火，但是火势实在是太大了，再加上山风的影响，樵夫只能眼睁睁地看着自己的房子化为灰烬。

大火被熄灭之后，原本崭新的房子就只剩下一堆残骸。邻居们劝樵夫想开点，不要太伤心了。但是樵夫并没有听进去，而是用一根棍子在废墟中仔细翻寻。邻居们以为他在寻找什么珍贵的东西，于是好奇地帮忙一起寻找。过了好半天，樵夫突然兴奋地说："找到了！找到了！"

好奇的邻居们纷纷向前一探究竟，谁知樵夫手中拿着的并不是什么珍贵的东西，而只是一把没有木柄的斧头。邻居以为樵夫受到了沉重的打击，都劝他想开些。有人还说道："不就是一把斧头吗？有什么可值得高兴的！"

樵夫却高兴地说："虽然我的新房子被烧毁了，但是只要斧头还在，我就可以再建造一个家。"

是啊，樵夫说得太正确了！只要斧头还在，就可以再建造一个家。人生又何尝不是如此呢？在人生的道路上，我们会遭遇失败，会变得一无所有。但是只要我们的梦想还在，激情和斗志还在，还能让自己重新站起来，那么就可以创造一切。

现在的有志青年们，拼的不仅仅是能力和才华，更是自愈力。当无情的大火吞噬了我们的一切时，没有必要过度气馁和悲伤，也没有必要抱着失败自暴自弃。我们可以任性地对别人说："我们并不是真正地输得精光，别忘了我们还有一把斧头。退一步说，即使没有斧头，我们还有自己。"

成功者的一生都有无数失败的经历，梦想就是他们的资本，孤往不退任性向前就是他们的骄傲。正是因为他们能够勇敢地面对失败，不断地治愈自己，让自己不断地站起来，所以才能最终找到通向成功的路。

美国人希拉斯·菲尔德先生已经到了退休的年纪，这个时候他拥有一笔不小的财富，足够他日后的过得富足、舒适。但是，他却不甘心过平庸的生活，在内心萌生了一个大胆的想法：在大西洋的海底铺设一条连接欧洲和美国的电缆。

这个想法一出现在脑海中，他便开始行动了，并且把全部的时间和精力都投入到了这项事业之上。要想铺设连接欧洲和美国的电缆，就必须建造一条从纽约到纽芬兰圣约翰的电报线路。这条线路长达1000英里，更为关键的是有400英里长的电报线路要从人迹罕至的森林穿过。所以，要想完成这项工作，他必须事先建造好一条同样长的公路。此外，这条线路还要穿越布雷顿全岛、跨越圣劳伦斯海峡，任务非常艰难，工程浩大。但是菲尔德并没有被困难吓倒，他使尽全身解数，积极寻找资金，最后终于找到了愿意资助的人。

得到了资助后，菲尔德就开始了铺设工作。不过，电缆刚刚铺设了5英里就出现了问题，由于电缆卷到了机器里面发生了断裂，迫使铺设工作不得不停止。菲尔德不甘心，开始寻找其他办法。可这次也出现了问题，在铺好200英里的时候，电缆中传输的电流突然中断了。没有人知道究竟出了什么问题，菲尔德也非常焦急，甚至一度想要放弃实验，再次寻找合适的方法。可没过多长时间，电流又神奇地出现了。

这天夜里，铺设工作缓缓地进行着，电缆以每小时4英里的速度铺设着。眼看这项任务就要完成了。可问题突然又出现了，铺设电缆的轮船发生了严重倾斜，制动闸紧急制动，导致电缆线又被弄断了。

这些失败并没有打败菲尔德，他再次购买了700英里的电缆，从头再来。这一次，他聘请了专家为自己设计一台更好的机器。与上次所不同的是，他选择让两艘船对着从两岸出发开始分头铺设，之后两艘军舰在大西洋上会合，再将电缆接上。这次铺设还是问题重重，多次发生电缆断裂和电流中断的情况。

在这个过程中，几乎所有人都产生了放弃的想法，而且大众也对于菲尔德产生了怀疑。更令人们担心的是，投资者也打算放弃投资，认为这是不可能完成的任务。但是，菲尔德却没有放弃，他凭借着出色的口才和百折不挠的精神说服了投资者，使得这一任务能够继续下去。

新的尝试又开始了，这次总算一切顺利，电缆成功地铺设完毕而没有再次中断，几条消息也通过这条漫长的海底电缆发送了出去，一切似乎就要大功告成了。然而，就在人们想要举杯庆贺的时候，电流却又突然中断了。

　　这一次，所有人都绝望了，投资者选择了撤资。可菲尔德却始终充满信心，他相信自己一定能完成这项任务。于是，他开始废寝忘食地研究，四方求助，终于找到了新的投资人。这一次，菲尔德的尝试终于获得了成功，而他也创造了奇迹。

　　生活中，我们时常会看到这样的人，当所有人都说不可能的时候，他们却任性地坚持，努力地设法向前。他们的任性或许得不到别人的支持，甚至会遭到别人的嘲笑，但正是因为这样的坚持和任性，才使他们取得了巨大的突破，做成了看似不可能的事情。

　　在这个世界上，充满了成功的机遇，也充斥着失败的可能，而且失败的可能要比成功的可能更多。不要把失败当成是不可逾越的障碍，也不要让失败彻底打倒自己。在一次次失败面前，任性地站起来，勇敢地不断挑战自己，那么你就能够超越失败，走向最后的成功。

每一种选择都有风险，每一种风险都是机遇

她的梦想就是成为一名作家，但是她觉得自己的梦想太遥不可及了。因为要想成为一名作家，就必须有丰富的文学素养，有足够的阅历和知识储备。而自己只是一名普通的大学毕业生，更为关键的是，她自从毕业后就没有工作过，在家做了三年全职太太。这样的情况，怎么能成为一名作家呢？

可尽管如此，她还是有些不甘，内心一直蠢蠢欲动。她总是想：为什么我的梦想就不能实现呢？难道一个普通的大学生就无法成为作家吗？不，人生的选择在于自己，我不能不做任何努力就选择放弃。于是，她下定决心改变自己，开始利用空闲时间尝试着写作。

朋友知道了她的行为后，开始劝她："这条路实在是太难走了。多少人写作了多少年依旧籍籍无名，一无所成。你为什么不趁着年轻，找一份稳定、有前途的工作？你现在真的打算以写作为生吗？那么你就必须做好穷得吃土的准备。"

她明白，朋友是真心为自己好，是怕自己将来后悔现在的选择。她

也明白自己之所以这么多年没有开始写作，也正是因为有这样那样的顾虑，怕付出没有回报、怕面临一事无成的风险。但是这次她想明白了，每一种选择都有风险，我不能因为有风险就放弃努力。她笑着对朋友说："想要实现梦想，就必须有尝试的勇气，有敢于行动的胆识。或许这其中会遇到很多失败的风险，但是谁能保证这一次风险就不是一次机遇呢？我决定试试，先写一段时间看看。不付出行动，又怎么会知道自己不行呢？即便我最后真的没有成为作家，我想我的写作水平也会提高很多，对于未来也是有好处的。况且写作会让我觉得每天都很充实，没有虚度光阴。"

当然，她也并不是盲目地作着作家的梦，为了实现这个梦想，她开始抓紧时间读书，以让自己变得更加充实。她不像其他网络作家一样，只在乎抓住读者的猎奇心理。她追求的是文学素养，以及深刻的思想表达。所以她选择了能够开拓见识并引人思考的书来阅读，包括美国著名学者戴尔·卡耐基的《做内心强大的女人》、美国作家汤马斯·佛里曼的《世界是平的》、中国柏杨的《中国人史纲》等。通过大量的阅读，她学会了独立地思考，开拓了自己的眼界，并且提高了写作水平。

之后，她开始尝试写一些随笔放在微博上，没过多长时间，就出现了众多转载她文章的网络媒体和知名的网络媒体人。随后，她因为出色的文笔和新颖的观点被所在城市的一家报社聘为专栏作家，并且开通了属于自己的公众号，与读者一起分享自己的心得和文章，受到了十几万读者的青睐和欢迎。

她的梦想实现了！一个普通的女人，一个在家做过三年家庭主妇的女人，竟然成为了受人欢迎的作家。对于朋友来说，她是一个任性的女人，明知道梦想的道路充满了未知，却还是任性地走了下去。可是，如果她不选择勇敢尝试，又怎么能获得最后的成功呢？

现实生活中，很多人有美好的梦想，并且跃跃欲试，但是却因为害怕有风险而轻易地放弃了。与其说梦想是遥不可及的，不如说是害怕、迟疑占据了这些人的内心，无法挑起人生远大的梦想；与其说没有实现梦想的机会，不如说犹豫、恐惧左右了这些人的行动，以至于让他们跟不上梦想的脚步。

其实，不管你的梦想是什么、不管你做什么样的选择，都可能面临着各种风险，有失败、有挫折，当然也有成功和美好。我们选择尝试，任性地去做冒险，或许会遭遇失败，但是也有成功的可能。可如果我们选择放弃，不敢去尝试，那么今后的人生也只能在蹉跎中度过，当初的梦想也只能永远是一个遥不可及的梦。

我们要知道，机遇永远是和风险结伴而行的，很多时候，风险越大，机遇就越多，成功的希望也就越大。所以，不管什么时候，没有冒险的精神是不行的。不妨让自己任性一回，大胆地尝试一下，做自己想要做的事情。即便失败了又怎样，大不了换个方式从头再来！只有这样，才不会让自己将来后悔。

但是，我们仍需铭记一点，冒险并不是头脑一热的事情，也不要承担无所谓的风险。如果你明知道前方是悬崖，却一门心思地向前冲，恐怕所有人都不会佩服你的勇气，而只会嘲笑你是个傻子。

困难就是一堵薄墙，得用头去撞而不是绕道而行

有人说，蒙牛集团的成功是一个奇迹，但蒙牛集团创始人、原董事长牛根生却否认这种"奇迹"的说法。他认为蒙牛之所以获得成功，是凭借着那种"不给自己留后路"的倔劲，凭借着战胜一切困难的勇气。

不给自己留后路，就意味着无条件地相信自己，而这种自信往往能够为我们增添更多的力量。正如一句话所说的："没有一件事比尽力而为更能满足你，也只有这个时候你才会发挥出最好的水平。这会给你带来一种特殊的权利，以及一种自我超越的胜利。"

1998年的一天，在内蒙古伊利实业集团干了大半辈子、担任集团生产经营副总裁的牛根生被免职了。这是他怎么也没有想到的事情，自己一直兢兢业业的工作，为公司做出了不小的贡献，为什么会落得这样的下场呢？

尽管他有些想不开，却还是坦然接受了这个事实。他开始到人才市场找工作，想要重新开始，可是这时他已经四十多岁了，负责招聘的人直言不讳地说："对不起，你这样的年龄在我们企业属于安排下岗的一列。"

无奈之下，他只能考虑自谋出路了。做什么呢？自己一直在伊利工

作，只熟悉奶业的运作，他突然萌生了"复制一个伊利"的想法，于是，"蒙牛王朝"的宏伟蓝图开始在他心底酝酿。

为了实现自己的梦想，牛根生拿出了所有的积蓄，准备投建"蒙牛乳业有限责任公司"。这些钱是他毕生的积蓄，用他的话说是"打算用来买房的钱、打算养老的钱、打算给孩子念书的钱"。当时中国乳业领域并不明朗，伊利占据了市场绝大部分的份额，一家新公司根本无法生存下去。牛根生的行为无疑是一次任性的冒险的行为，所以妻子和朋友纷纷劝诫他，要么放弃这个冒险行为、要么给自己留点资金。

可任性的牛根生却说："这是一场没有退路的战争，只能成功，不能失败。动摇就是最大的失败，动摇只有一种结果，那就是失败；而如果不动摇，则有两种结果：一种是失败，还有一种是成功。"

正是因为牛根生有了这样的雄心和胆量，所以一直跟随他的下属们也都纷纷竭尽全力地支持他。他们或者变卖自己的股份，或是到处筹集资金，有的甚至把自己的养老钱都拿了出来。在众人的努力之下，牛根生最终筹集到了一千多万元的"同心钱"，并于1999年1月正式成立了蒙牛集团。

在这种情况下，牛根生知道自己没有任何退路了，只有打赢这场战争。为此，他努力地工作，严格要求自己，把所有的时间和精力都投在事业上。就这样，在牛根生的带领下，蒙牛集团克服了"无市场、无工厂、无奶源"的巨大困难，打败了一个又一个对手，仅用了三年的时间，便成为中国数一数二的乳制品生产企业。

对于牛根生来说，没有什么是不可能的、没有什么困难是不能战胜的。他坚信只要自己敢于勇往直前，不给自己留后路，便可以激发出最大的潜能。所以他说："回顾这些年我们的发展，有许多事，专家都说'不能'；但因为我们识字不多，一不小心把'不'字给丢了，结果就变成了'能'！可谓是'有胆有识'。最近我到北京把胆切除了——佯说去蒙古了，不是撒谎，是怕影响大家……这个胆结石做了以后，基本就没'胆'了，也没"石"（识）了……"

诚然，牛根生之所以能够成功，与他此前在伊利时期所累积下来的经验、人脉等等都是密切相关的，这些都是他创建蒙牛的资本。但是如果没有不给自己留后路的勇气，蒙牛就不可能诞生；如果没有战胜一切困难的决心，蒙牛的崛起根本不可能如此迅速。

对于很多人来说，困难是很难克服的，就像是一堵高大的墙。因为看到了这堵墙的高大，所以他们开始怀疑自己的能力，不是选择走回头路，就是想办法绕道而行。他们甚至还会嘲笑那些勇敢任性的人，说他们明知道前面是高墙，还迎头撞上去，是非常任性、愚蠢的行为。可正因为如此，他们绕过了一道道高墙、躲过了一个个困难，也失去了一次次成功的机会。

困难从来都不是强者放弃努力的理由，更不是成功者失败的借口。很多时候，困难看起来好像是一堵高大的墙，挡在了我们前进的道路上。但实际上，它并没有我们想象得那么强大，它只是一堵很薄很薄的墙而已，只要我们勇敢去撞击，便可以轻易地通过。

退一步说，即便这堵墙比较坚硬，但是只要我们不放弃，不给自己后退或是绕道而行的机会，也可以顺利地战胜它。所以，任性的人，从来不给自己留任何退路，即便遇到再大的困难和挫折，也会迎头抵抗，不顾一切地拼下去。当然，也只有这样的人，才能迎接巨大的成功、才能缔造生命的奇迹。

向着远方任性奔跑，即使满地荆棘扎脚

一个名叫鲁克的男人一直生活在美国中部，从来没有见过大海，他一直渴望着有一天能有机会亲眼看看波澜壮阔的大海。终于，他得到一个机会来到海边，可等他亲眼看到大海之后，却感到非常失望。大海笼罩着雾气，天气又冷，丝毫不像他想象中的那么美好。

鲁克蜷缩着身子，在海岸上散步。这时他碰到了一个水手，两个人交谈了起来。鲁克说："我不喜欢这冷雾弥漫的海，幸亏我不是水手。"

水手笑着说："别说是你，就是我的那些同事，有些也不想当水手了。"鲁克有些不解地问道："为什么？是不是因为当水手很危险？难道你不害怕吗？"

水手叹了口气，说："水手这个工作当然有危险。但是，当一个人热爱他的工作时，他不会想到什么危险，我们家里的每一个人都爱海。"水手说道，"实际上，我的父亲、祖父、兄长都是水手，最终他们都死在了海里。"

听到水手的话，鲁克大吃一惊，急忙问道："既然如此，如果我是

你，我就永远不与大海打交道，更不会再作什么水手了。"

"那么，你父亲死在哪儿？"水手问道，"你愿意告诉我吗？"

水手的话，让鲁克有些摸不到头脑，但他还是作出了回答："我父亲是在床上断的气，我祖父也是死在床上的。"

水手笑了笑，说道："这样说来，床真是一个令人害怕的地方。如果我是你，我就永远也不到床上去。"

在鲁克看来，水手是个任性的人，因为他明知道大海有危险，会导致自己失去生命，却还要任性地和大海打交道。但是鲁克不知道的是，在这个世界上，危险无处不在，无论你做什么，都不可能百分之一百保证自己没有危险。

比如做生意，为了避免风险你选择了保守经营，安安分分地。这或许可以让你避免一些因追求突破和创新而带来的危险。但是随着市场竞争的日益激烈，你也可能面临被对手淘汰出局的危险。再比如在工作中，你勤勤恳恳地做好本职工作，不敢懈怠，也不敢跳槽。这或许可以让你平平淡淡地干到退休，但是时代在发展，别人都在进步，你却停滞不前，终有一天会因为不提升自己而面临被新人淘汰的危险。

哪怕就是在每天的日常生活里，出去吃个饭，也有食物中毒的危险；出去坐个车，有遭遇车祸的危险；哪怕你待在家里喝口水，还可能有被水呛到……更何况，世界上每天都有无数的天灾人祸，谁也没有把握说自己做的事情就绝对没有任何危险。既然如此，我们为什么要时刻担心这些不可知的危险，甚至因为这些危险就止住了自己前进的脚步呢？

我们要知道，生活和未来是未知的，或许存在着这样那样的危险，可它也存在着美好的希望。如果我们害怕前方的危险，而选择停止不前，做什么事情都唯唯诺诺，那么只能在不断的退缩与畏惧中消耗掉自己宝贵的生命，最终浑浑噩噩地度过整个人生。

人生中的成功从来都不属于懦弱者，它理所应当地属于勇敢者。因为勇敢者从来不畏惧危险，他们蔑视着困难勇往直前，向着远方和未来任性地奔跑，即便前方满是荆棘，他们也总是能够收获到其他人无法探索到的宝藏。

正如一位哲人所说的那样："这世界上最可怜又不值得可怜的人，莫过于那些总是瞻前顾后、不知取舍的人；莫过于那些不敢承担风险、彷徨犹豫的人；莫过于那些无法忍受压力、优柔寡断的人；莫过于那些容易受他人影响、没有主见的人；莫过于那些拈轻怕重、不思进取的人；莫过于那些从未感受到自身伟大内在力量的人，他们总是背信弃义、左右摇摆，最终自己毁坏了自己的名声，最终一事无成。"

成功永远都是勇敢者、冒险者的游戏。有些人或许有远大的理想，或是有一个发财梦，但他们总是缺乏胆识，惧怕前方的危险。当看到有人在前进的道路上跌倒时，他们就畏惧了，失去了追逐的勇气；当看到前方的道路上充满荆棘的时候，他们就退缩了，安分地守在自己狭小的天地里。他们并不是没有对成功的渴望，而是缺乏勇气和胆识。

人生本就是一场冒险的旅程，前方除了危险和未知之外，还无限的希望和美好。勇敢一些吧，向着远方任性地奔跑，如此才能创造人生无限的可能，才能收获本该属于你的精彩。

强者给自己找不适，弱者给自己找舒适

在世界泳坛上，日本选手始终能取得优异的成绩。有人猜测，他们一定有什么训练的秘诀。后来，一个亲临训练场参观的人发现了他们训练的秘密：原来这些选手所在的训练馆里，竟然养了许多的鳄鱼。

每天运动员训练的时候，教练就把几条鳄鱼放到游泳池里。饥饿的鳄鱼一看到人就异常地兴奋，拼命地追赶着运动员。虽然这些鳄鱼的嘴巴已经被牢牢套住，但是看着这些勇猛的动物，运动员们还是心生畏惧。为了避免被追赶上，他们本能地加快了游泳的速度。时间长了，这些被鳄鱼追赶的运动员成绩自然进步得飞快。

事实证明，人的潜能往往都是在感受到压力，或是产生危机感的时候，才会最大限度地被激发出来。这个世界上，强者与弱者之间在能力和潜质上没有太大的区别，只不过弱者甘于舒适的生活，总是想办法给自己找舒适。而强者则任性地给自己找不适，时常逼迫自己努力，再努力，以尽可能地激发出自己最大的潜能。

或许有人觉得日本运动员的训练方法太荒谬了。可是无独有偶，一位名不见经传的年轻人也选择了这样的训练方式。只不过，他逼迫自己的方式是想象着一只狼在身后追赶自己。

这个年轻人第一次参加马拉松比赛，之前没有人认识他，也没有谁在乎他。可他却一鸣惊人，成为了世界关注的焦点。他在这次马拉松比赛中获得了冠军，并且打破了世界纪录。这是令所有人都始料未及的，可以说是一个爆炸性的新闻。当他冲过终点后，新闻媒体的话筒和摄影机都对准了他，不停地追问他究竟是如何做到的。

年轻人还没有从兴奋中缓过来，喘着气说："我的身后有一只狼。"

听到这样的回答，所有人都感到迷惑不解。记者们问道："这句话是什么意思？"年轻人解释说："三年前，我开始练习马拉松。训练基地处于遥远的郊外，四周是崇山峻岭，每天凌晨2点钟，教练就把我叫起来，开始一天的训练。虽然我拼命地奔跑，想要发挥自己最大的潜能，可一天又一天过去了，我还是没有太大的进步。有一天清晨，我像往常一样训练，谁知在途中听到身后传来狼的叫声。开始只是零星几声，感觉距离我有很远很远的距离，但是狼叫声却越来越近、越来越急促，好像就在我身后。我知道，这郊外有野狼存在，而我不幸地被一只狼盯上了。为了活命，我不敢回头，拼命地跑着。结果，那天我比任何时间都早到终点，成绩提高了很多。

"教训问我是怎么回事。我回答说，'我听见了狼叫，所以才拼命地奔跑。'教练意味深长地说，'原来不是你做不到，而是身后缺少了一只狼。'这时候，我才知道，原来我身后根本没有狼追赶，我听见的狼叫只是教练模仿出来的声音。我身上还有无限的潜力，只是还没有被激发出来罢了。

"从那之后，每次训练时，我都想象着身后有一只狼，逼迫自己拼命地奔跑，而我的成绩也开始突飞猛进地提高。今天在比赛中，我依然想象着自己的身后有一只狼，所以我获得了成功。"

在没有听到狼叫声的时候，这个年轻人尽管每天都在奔跑，但实际上却没有真正的压力和危机感。他停留在自己的舒适区内，有自己的节奏、自己的模式，并没有改变自己的强烈愿望。或许他想要获得成功，但是却没有狠狠逼自己一把的意识，或是不愿意逼自己付出最大的努力。所以，尽管他身体中有巨大的潜能，却始终无法被激发出来。直到他听到了狼叫，认为身后有一只狼在追赶自己。此时他的生命受到了威胁，如果不奋力奔跑就会丢掉了生命，所以他不得不离开自己的舒适区，发挥出了最大的潜能。结果，奇迹就这样发生了！

生活太舒适，真的不是一件好事。它会让我们越来越不相信自己，身上的潜能也会一天天被消磨掉，从而甘愿过舒适且平庸的生活。很多的时候，我们应该给自己找一些不适，狠狠地逼自己一把，努力做某件事情直至达到一个极限，或是不断地给自己施加压力，直到潜能超乎寻常地迸发出来。

其实，这个世界上所有的强者，都是任性的人，他们不愿意躺在舒适的椅子上，而总是主动给自己找不适。为了看到外面的精彩世界，他们敢于对自己下狠手，甘愿忍受痛苦和艰难的折磨。所以他们站在了别人无法企及的高峰上，并且看到了一道道独特的风景。

相反，这个世界上也存在着另外一种人，他们任何时候都不愿意亏待自己，只想坐在椅子上享受舒适的生活。所以，这样的人只能会和成功擦肩而过。或许他们觉得自己的生活是幸福的，不必付出汗水和努力、不必承受挫折和痛苦。可他们不知道的是，这样的生活也意味着意志的消沉、激情的消磨。那些给自己的生活找舒适的人，无疑是事先服下了一剂慢性自杀的毒药，让自己慢慢地等待死亡。

优秀与平庸、不适与舒适，都是我们自己的选择。想要让自己变得越来越强，就要任性地打破自己的舒适和安逸，狠狠地逼自己一把，唤醒自己内心深处被蓄积已久的能量，来实现人生的更大价值。

你可能会迷茫，但不要在迷茫中举手投降

他是一个二十出头的年轻人，本应该为了理想而奋斗、为了美好的生活而努力。可是，他有一段不短的时间却处于极度焦虑的状态中，情绪也是起伏不定。他对未来充满了迷茫感，不知道未来想要做什么，也找不到明天在哪里，每天都是浑浑噩噩的。他唯一的发泄方式，就是在网上写点东西，被一些人视为"发神经"，而那些故作成熟的人则会安慰他几句。

他的迷茫并不是无缘无故的。和很多同龄人一样，他曾经是天之骄子，考上了不错的学校。可是走出了象牙塔，漂泊在异乡，找工作并不是件简单容易的事情。他租着一间简陋的房子，每天到网吧投简历，却都如石牛入海，杳无音信；跑遍了大大小小的写字楼，投递了无数份简历，可就是找不到合适的工作。眼看手里的钱越来越少，别的同学都找到了合适的工作，这样的情况怎么能不让人着急和迷茫呢？

为了能够在城市中生活下去，他降低了自己的要求，于是第一份工作只是打杂的小职员，每个月工资只有1200块。这份工作看似不起眼，

但是对于当时的他来说，简直就是救命稻草。因为这意味着自己可以在城市中安定下来了，不必向父母张嘴要钱了。

慢慢地他过上了稳定的生活，不用为了房租而发愁，不再为了囊中羞涩而自卑。他的生活逐渐步入了正轨，可是，最初的那份迷茫和焦虑却并没有随之消散，反而愈发强烈了。同事一个个升职加薪、同学们一个出国留学，还有人开始买房结婚，而自己却一贫如洗，只是过了生存的基准线而已。他慌了、乱了，面对别人的生活总是大步向前，而自己却毫无作为，他不知道自己的明天究竟会怎样、不知道美好的未来是否依然是一个遥远的梦。他想要逃避这残酷的现实，于是选择把自己灌醉，让自己彻底在迷茫中颓废消沉。

可现实就是现实，不是逃避就能解决的。经过了一番痛苦的挣扎之后，他开始反思自己，为什么现实会让自己感到迷茫？为什么生活总是不如意？最后他明白了，是因为他只顾着看着别人的美好，却没有真正为了自己的美好而付出最大的努力。想明白了，一切就变得简单了。他开始调整自己的状态，并且将大把的时间和精力放到了工作上，让自己没有时间沉浸于过去，更没有时间抱怨这抱怨那。

经过了一番努力，他从原来的办公室被调到销售部做业务员，每天早出晚归，总是想办法拿下更多的单子，取得更大的业绩。努力了，必然就有所回报。从最初的屡屡遭拒，到后来的小订单，再到后来拉到了大客户。这个过程不仅让他获得了业绩，赚取了更多的工资，更让他充实了自己，看清楚了自己的价值。而忙碌的工作也给他带来了莫大的鼓舞和信心，驱散了他内心的迷茫和焦虑。

现在的他，已经是公司的销售经理了，拥有自己独立的办公室，拥有美好的家庭和事业。更重要的是，他不再迷茫，对于明天和未来充满了希望，并且一直为了未来而不懈地努力着。

每个人都有迷茫的时候，尤其是年轻人。面对未知的未来、渺茫的前途，有迷茫和焦虑的情绪也是在所难免的。这个时候，谁觉醒得更快，成功的可能就越大。所以，回首过去走过的道路，他总是笑着说："曾经，我很关心我的未来，关心我的明天，每天陷在焦虑中不可自拔，失眠惶恐，惴惴不安。后来，我只关心我的今天，结果日子开始变好，事业也顺利了许多。我突然明白，过去怎么样不重要，未来怎么样也不重要，拼命地去想、去担忧，更是枉然。不如就活在今天，活在这一刻，至于明天是好是坏，不用想那么多，只要做好该做的，无悔于今天，明天就不会太差。"

面对残酷的现实以及不确定的未来，或许你可能会感到迷茫，但是千万不要在迷茫中投降，更不要因为迷茫就放弃了最初的目标。因为一个人的未来究竟是什么颜色，关键在于他对待未来的态度。

今天的马云、俞敏洪等事业有成的企业家，以及年轻人的偶像胡歌、李易峰等名人，在年轻的时候都有过迷茫的时候。但是我们可以看见，他们没有在青春的路口丢去梦想和希望，也没有在迷茫中举手投降，始终坚持不懈地寻找着自己的方向，并且为了心中的美好努力着，所以他们最终走过了迷茫，成就了自己的美好梦想。

年轻人，如果你感到了迷茫，现在就不努力了，而是躲在一边，抱怨没有合适的关系和生不逢时，那么你的整个人生就只能是郁郁寡欢。面对迷茫，与其悲伤、埋怨，不如让勇气和信心来点亮前方的道路。

当你真正认清自己，让自己的内心真正变得强大起来，并且努力拨开前方的迷雾。这个时候，你的未来必定不再迷茫，人生也必定充满阳光和美好。